颗粒全息测量技术

吴学成　吴迎春　岑可法　著

科学出版社

北京

内 容 简 介

本书围绕颗粒全息的基本理论、测量技术及典型应用，系统阐述了数字全息基本原理、颗粒全息图的光散射与衍射理论、全息图的数字重建与颗粒信息处理方法，介绍了颗粒全息三维成像技术、数字全息粒子跟踪测速技术等，在此基础上，列举了颗粒全息测量技术在典型的喷雾及燃烧液滴、固体燃料颗粒、气泡、微生物等多相反应流中的应用，并总结了该技术的仪器化进展。

本书可供工程热物理及动力工程、光学工程、化学工程、精密仪器等专业的高年级本科生、研究生及科研人员参考使用。

图书在版编目(CIP)数据

颗粒全息测量技术 / 吴学成，吴迎春，岑可法著. —北京：科学出版社，2021.7

ISBN 978-7-03-068210-9

Ⅰ. ①颗… Ⅱ. ①吴… ②吴… ③岑… Ⅲ. ①全息摄影测量 Ⅳ. ①P235.1

中国版本图书馆CIP数据核字(2021)第039044号

责任编辑：范运年 孙静惠 / 责任校对：杨 赛
责任印制：吴兆东 / 封面设计：蓝正设计

科学出版社 出版
北京东黄城根北街 16 号
邮政编码：100717
http://www.sciencep.com

北京中石油彩色印刷有限责任公司 印刷
科学出版社发行 各地新华书店经销
*

2021 年 7 月第 一 版 开本：720 × 1000 1/16
2021 年 7 月第一次印刷 印张：13 1/2
字数：272 000
定价：118.00 元
(如有印装质量问题，我社负责调换)

前　言

日常生活中存在着大量的颗粒，如自然界中的沙尘，工业生产过程产生的各类粉尘、液滴、气泡等，它们与我们的生活息息相关。颗粒科学研究的热点包括各种颗粒的制备和测量表征，单颗粒、颗粒群以及颗粒群内颗粒的相互作用，颗粒相物质的运动动力学、反应动力学以及与周围环境的传热、传质、相变等。准确测量各类应用场景中的颗粒参数，将有助于对颗粒作用的机理问题进行研究，进而促进各领域的发展。全息技术在 1948 年由 Gabor 等提出，是一种完备的三维成像技术。近些年来，随着计算机技术及光学元件工艺的飞速发展，数字全息技术在燃烧场、喷雾场、显微流场、微生物运动、气液固多相流动、大气液滴/冰晶形成、细胞/细菌监测等各种场景中有了越来越多的应用。

本书以颗粒全息测量技术为主题，系统介绍了颗粒全息测量理论、技术及应用，涵盖了全息的光学原理、数字重建方法、颗粒全息的理论、颗粒全息图的处理方法、颗粒全息测量技术在不同场景中的应用及典型的颗粒全息测量仪器等内容；旨在阐明颗粒全息基本原理、提高数字颗粒全息的测量精度、扩展数字颗粒全息的应用范围、加快数字全息在工业测量中的发展。本书适用于全息技术和流场测量相关专业背景的研究生及从业人员，也可作为工具书供相关人士参考阅读。

本书内容主要包括两大部分，第一部分为数字颗粒全息三维测量技术的研究，主要包括全息图记录和重建，涉及衍射光学知识，颗粒全息的理论、全息图数据处理包括图像处理、颗粒定位和匹配等算法；第二部分为数字全息测量各种颗粒流场的应用研究，通过结合作者研究背景，详细介绍全息技术在多相流中固体颗粒、液滴以及微尺度流场的应用情况，最后介绍典型的全息测量仪器/装置及应用情况。

本书由吴学成教授、吴迎春研究员、岑可法院士共同撰写，书中引用了能源清洁利用国家重点实验室、浙江大学热能工程研究所智慧传感与测量课题组老师和研究生们的研究资料，姚龙超、林小丹、金其文、林志明、汪磊、吴凯、吴晨月、赵亮、石琳、陈晓锋、张宏宇等共同参与了本书的资料收集与文字整理工作。没有他们的帮助和参与，本书是不可能完成的。在此，向他们表示诚挚谢意！

作者承担了国家自然科学基金"燃煤锅炉关键参量检测与燃烧控制中的基础理论研究"（项目编号 60534030）、"基于激光数字全息显微技术的微尺度流场三维测量方法研究"（项目编号 50806067）、"微流体流动和传热关键参量三维、实时和瞬态测量方法研究"（项目编号 51176162）、"航空发动机燃油横流直喷雾化三维多参数在线测量方法研究"(项目编号 91741129)、"基于层析离轴全息成像的燃料颗粒场多参量三维动态测量方法研究"(项目编号 52006193)等，同时参与了国家自然科学基金重大项目"气固湍流燃烧的多尺度耦合特性与机理"(项目编号 51390490)、国家重点基础研究发展计划(973 计划)"大型燃煤发电机组过程节能的基础研究"(项目编号 2009CB219800)、"燃煤发电系统能源高效清洁利用的基础研究"(项目编号 2015CB251500)等项目。这些项目的部分研究成果已反映在本书之中。

　　作者长期工作在颗粒全息测量的科研及教学第一线，对撰写本书也尽了最大的努力，但限于作者水平，书中疏漏和不足之处在所难免，敬请读者批评指正。

作　者

2021 年元旦

目　　录

第1章 导　　论

自然界有许多物质以颗粒的形式存在，如沙土、灰尘等固体颗粒，雨滴、水雾等液体颗粒，气泡、空穴等气相颗粒及血液细胞等多相颗粒。

在工程应用上，有固体颗粒如燃煤电厂中的煤粉颗粒输运与燃烧、流化床颗粒循环、各种固体颗粒催化剂化工生产、粉末冶金等，有液体颗粒如内燃机喷雾燃烧、液体火箭发动机雾化混合燃烧推进、污染物及粉尘的喷雾脱除等，也有气泡颗粒如沸腾传热传质、轮机叶片空化等。在社会生活中，有面粉和咖啡等食品颗粒、沙尘暴中的风沙颗粒、药品颗粒等。图 1-1 展示了各领域典型的颗粒。由此可见，颗粒在能源、材料、化工、环境、航天航空等行业以及日常生活的方方面面具有重要应用。

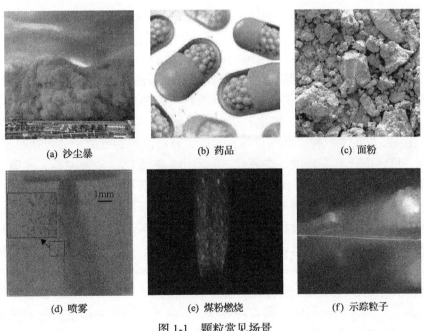

(a) 沙尘暴　　　　　(b) 药品　　　　　(c) 面粉

(d) 喷雾　　　　　(e) 煤粉燃烧　　　　　(f) 示踪粒子

图 1-1　颗粒常见场景

在能源科学领域中，固体和液体化石燃料往往通过研磨、雾化等手段破碎成小颗粒，燃烧释放能量。因此，颗粒的研究与应用几乎涉及化石能源利用的每一个步骤，在航空发动机、燃气轮机、汽车内燃机等设备燃烧室中的燃油雾化过程；在超临界燃煤锅炉等能源系统中的煤粉从输运、燃烧到产生的污染物脱除和粉尘排放等过程，都涉及针对颗粒的研究。在各种能源系统中，深入了解能源利用过程中各个环节的机理是开发更高效、更清洁的能源技术与设备的前提，而这主要依赖于实验研究，尤其是对多相流过程的准确测量。近二十年来自然科学和工程技术发展的重要趋势之一是微型化，如目前比较热门的微机电系统。在能源领域，微发动机[1]、微热管[2]、微反应器[3]等也受到了广泛关注，开发适合于微尺度流场的实验测试技术，特别是微流场的三维瞬态测量技术，对于进一步研究复杂微尺度流动现象和流动机理具有重要的推动作用。因此，流场测试技术为深入研究流动、传热等机理的实验研究提供技术支持，同时为工业过程流动参数在线实时监测和优化控制提供测量手段。

颗粒学研究包括各种颗粒的制备、测量，单颗粒、颗粒群以及颗粒群内颗粒的相互作用，颗粒相物质的运动动力学、反应动力学及与周围环境的传热、传质、相变等。本书主要关注颗粒的位置、速度、浓度和粒径等参数的测量。而这些参数的全场、三维、瞬态、实时测量是学术界研究的热点与难点[4]。

1.1　颗粒定义及相关参数

颗粒是处于分割状态下的微小固体、液体或者气体，还包括微生物、病毒、细菌等生命体。由许多个颗粒组成的颗粒群称为颗粒系。颗粒和颗粒系的性质参数，各有不同的术语描述。其中表征单颗粒性质的参数包括粒度、形状(宏观和微观)、表面积(内外表面积)、密度、折射率、硬度、熔点、湿度、光折射和吸收、组分、温度、黏度(液体)、孔隙度等；表征颗粒系性质的参数主要包括粒度分布、表面积、堆密度、真实密度、黏着性、黏着力、表面能、表面电荷、孔隙度、孔径分布、湿含量、导电率、绝缘强度、抗张强度、剪切强度、阻光度等。

其中，颗粒的形状是指一个颗粒的轮廓表面上所有点构成，主要与颗粒材料的结构、产生颗粒的具体过程、颗粒用途有关。颗粒形状可以用语言术语和数学语言两种方法描述，语言术语主要有球形、立方形、薄片形、纤维状、絮状、盘状、链状和不规则状等，数学术语分为形状指数(shape index)和形状系数(shape factor)，前者是各种无因次组合，后者是测量得到的颗粒大小与颗粒的面积或体积之间的关系。常见的形状指数有均齐度、方向比、体积充满度、面积充满度、球形度、圆形度、表面粗糙度等。常见的形状系数有表面积形状系数、体积形状系数、比面积形状系数、表面系数和动力形状系数等。

颗粒的比表面积定义为单位体积物体的表面积。对于表面致密的球形颗粒，颗粒粒度越小，比表面积就越大；对于多孔颗粒，表面积也包括内部孔洞所覆盖的面积，因此尽管某些多孔颗粒，粒径较大，但仍然拥有较大的比表面积。

颗粒的密度分为表观密度、堆积密度或容积密度。表观密度定义为材料的质量与表观体积之比，其中表观体积为颗粒的实体积加闭口孔隙体积。表观密度是针对单个颗粒而言的，受颗粒结构影响大。颗粒的表观密度并不等于母体材料的密度，如中空颗粒的表观密度将远远小于其母体材料的密度。堆积密度或容积密度定义为单位填充体积中颗粒的质量，是针对颗粒群而言的。堆积密度与颗粒的形状、粒度、堆积方式等许多因素有关。

颗粒的粒度定义为颗粒所占据空间大小的尺度。颗粒的粒度范围很广，跨度可从零点几纳米到几千微米。表征颗粒粒度的方法很多，对于光滑的球形颗粒而言，粒度即是它的直径；对不规则的颗粒物，其粒径常根据不同的测定方法而有不同的定义。一般把非规则颗粒物的粒径称为当量粒径(等效粒径)。非球形颗粒的当量粒径的确定方法一般可以分为两类，第一类是由通过颗粒中心，连接颗粒表面上两点间直线段的大小确定，此时确定的直径不是单一的，而是一个分布，按此定义的当量直径只能是这些直径的一个统计平均值；第二类是根据颗粒的某种物理性质，如颗粒在流体中沉降速度、密度等来确定颗粒的当量粒径，大致可分成相当球直径、相当圆直径、统计直径等几类。相当于球直径的有阻力直径、自由沉降直径、斯托克斯直径等。相当于圆直径的有筛分直径、投影面积直径等。而相当于统计直径的有定向直径和定向等分直径等。表 1-1 列出了各种粒径的定义方式。

表 1-1　粒径定义

名称	定义
定向直径	颗粒的最大投影尺寸
定向面积等分直径	把颗粒投影划分成两个面积相同区域的弦长
筛分直径	颗粒通过筛孔的最小尺寸
投影面积直径	与颗粒投影面积相同的圆直径
等周长直径	与颗粒投影轮廓周长相同的圆直径
等效体积直径	与颗粒等体积的球状颗粒直径
等效表面积直径	与颗粒等外表面积的球状颗粒直径
自由沉降直径	与颗粒同终端沉降速度的球直径
斯托克斯直径	层流时与颗粒同沉降速度的球直径
空气动力学直径	静止空气中，与被测颗粒具有相同沉降速度，且密度为 $1000kg/m^3$ 的球直径

颗粒群或颗粒系是由许多颗粒组成的，如果组成颗粒群的所有颗粒均具有相同或近似相同的粒度，则称该颗粒群为单分散的，当颗粒群由大小不一的颗粒组成时，则称为多分散的。颗粒群尺寸或粒径分布指组成颗粒群的所有颗粒尺寸大

小的规律。实际颗粒群的颗粒粒度分布严格讲是不连续的，但当测量的数目很大时，可以认为是连续的。由不同大小的颗粒组成的多分散颗粒系的尺寸分布有单峰分布和多峰分布等形式。

颗粒群的平均粒径是用一个设想的尺寸均一的颗粒群来代替原有的实际颗粒群，而保持颗粒群原有的某些特性不变。最常用的平均粒径有索特平均直径（Sauter mean diameter，SMD）、质量中位直径（mass median diameter，MMD）、体积中位直径（volume median diameter，VMD）、数目中位直径等。

1.2　颗粒的光学测量现状

多相流中颗粒相的测量参数主要有三类，第一类为几何参数，如颗粒粒径、形貌、三维位置等；第二类为运动参数，如颗粒平动、转动速度及其相应的加速度等，运动参数为矢量场；第三类为热力学参数，如颗粒温度、组分等，热力学参数为标量场。本书所针对的颗粒参数主要为第一类几何参数与第二类运动参数，较少涉及第三类热力学参数。

多年来，针对多相流中颗粒的速度、粒径、浓度及温度和组分等参数所开展的测量研究得到了长足的发展，这类技术在工业应用及科学研究场合有迫切的应用需求。多相流中颗粒场的测试技术主要可以分为接触式机械方法、非接触式电磁学方法、超声波方法及光学方法。从发展趋势来看，经历了从接触式、离线、单参数、单点测量到非接触式、在线、多参数和多维瞬态测量的过程。传统机械方法多为侵入式测量方法[5]，如热电偶测量温度、瞬时取样法测量颗粒浓度等。这些方法操作简单，但是机械装置与流场接触会影响多相流中颗粒场结构，再加上测量方法本身的误差和应用范围的局限性，目前已经逐步被非接触式方法所取代。非接触式的方法不会对测量区域造成明显的干扰，至少其设备硬件不会直接接触测量对象，如静电法[6, 7]、电容法[8, 9]，甚至用 X 射线测量多相流中颗粒场[8]。超声波方法是利用多相流对超声波的吸收、散射等效应来测量多相流[10, 11]，具有良好的穿透性，能够对密闭空间内的对象开展非接触式测量。

本部分着重介绍的光学测量方法也属于一种典型非接触测量技术。其具有精度高、实时快速、多参数和多维测量等特点，所以在多相流测量应用中展现出了巨大的应用优势和发展潜力。目前常用流场光学测试技术主要有阴影法[12]（shadow graph）、纹影法[12]（schlieren particle analyzer）、显微成像[13]、米散射技术[8]、相位多普勒粒子分析仪[14]（phase Doppler anemometry，PDA）、激光干涉液滴成像技术[13, 15]（interferometric laser imaging droplet sizing，ILIDS）、彩虹折射仪[16-20]（rainbow refractometry，RR）、粒子图像测速[21, 22]（particle image velocimetry，PIV）技术、粒子轨迹测速[23]（particle tracing velocimetry，PTV）技术、激光散斑测速[24]（laser speckle velocimetry，LSV）、数字全息技术[25]（digital holography，DH）、激光诱导炽光法[26, 27]（laser induced incandescence，LII）、平面激光诱导荧光[28, 29]（planar laser induced fluorescence，PLIF）法、激光诱导击穿光谱[30, 31]（laser induced breakdown spectroscopy，LIBS）法等。表 1-2 给出了部分方法能够测量的参量。总体而言，现如今基于光学方法的多相流参数测量技术逐渐向着全场三维空间、三维方向（矢量场）、时间分辨的方向发展。

表 1-2　多相流中颗粒相光学测量

测量手段	粒径	位置	速度	浓度	温度	组分
阴影法	●	●				
PIV			●			
PTV	●		●			
全息 PIV/PTV	●	●	●	●		
PDA	●		●			
ILIDS	●		●			
彩虹（液滴）	●			●	●	●
LII	●					
PLIF				●	●	●
LIBS						●

1.3　三维场光学测量技术概述

空间瞬态三维场测量是光学测量技术中一个主要的大类，经常在诸如多相流诊断等测量场景中使用。下面简单介绍几种目前主流的空间瞬态三维场光学方法。

图 1-2 示出了几种典型瞬态三维场光学测量技术的系统示意图，包括断层扫描技术、层析成像技术、离焦干涉成像技术、全息技术等。其中，断层扫描技术（optical scanning technology）[32]是在光路上布置一个旋转的反射镜，通过旋转反射镜使得照明流场的片光源扫描三维流场，可以实现 3D-2C（3 dimensional-2 component）测量。该技术与 PIV、PLIF 等平面测量技术结合，可以形成扫描 PIV、扫描 PLIF，能够应用在稳态或近似稳态的标量场（如温度、组分等）测量。但该类方法无法对矢量场的三维分量进行测量（如速度）。层析成像（tomography）技术[33]利用透射波记录物体的阵列投影信息，进而通过重建得到三维物体。在多相流测量中，比较典型的应用如电容层析成像测量管内流动，基于辐射图像的三维温度场检测[34]。层析技术也非常易于与其他技术进行结合，如层析 PIV（tomo-PIV）[35]，层析 PIV 的出现意味着经典的 2D-PIV 技术和体视 PIV 技术能够完成三维空间测

量[35]，如图 1-2（b）所示。它已被成功应用于湍流场三维涡结构等复杂流动的可视化研究[35, 36]。但层析方法普遍需要采用多个相机，光学系统复杂，对标定的准确

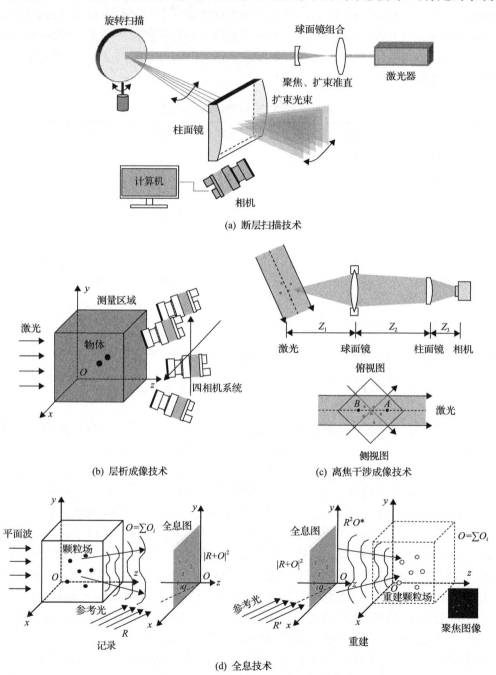

(a) 断层扫描技术

(b) 层析成像技术

(c) 离焦干涉成像技术

(d) 全息技术

图 1-2　典型的瞬态三维场光学测量技术示意图[32, 35, 41]

度要求高；算法处理的计算庞大，数据处理费时。另一种典型的方法是光场成像技术[37]，光场可以理解为光辐射在空间各个位置向各个方向的传播，光场成像技术记录光辐射在传播过程中的四维位置和方向的信息，相比只记录二维的传统成像方式多出 2 个自由度，基于傅里叶切片定理，可以重构出原始的光场信息[38]，典型的微透镜阵列光场成像如图 1-2(d) 所示[39]。目前光场成像向着大尺度的大规模相机阵列和小尺度的光场显微镜两种方向发展，在显微成像[37]、三维流场测试[40]、温度场测试[39]方面均有应用。目前光场成像技术在分辨率上有所欠缺，这是该技术发展的一大瓶颈。

全息技术[41,42]是另一种典型的三维成像技术，它基于光的波动理论。对于空间中的一个物体，它被相干光照射所形成的全息图同时记录了颗粒散射光的光强和相位信息，这些信息可以还原物体在三维空间的位置分布，具有瞬时"冻结"三维流场和永久保存的特点，且无须标定过程［图 1-2(d)］。因此，全息技术在颗粒场的三维速度分布、浓度分布、粒径及形状[43]等参数的瞬态测量领域具有巨大的发展潜力[25,44-47]。

1.4 数字全息测量颗粒场进展概述

1.4.1 颗粒全息技术概述

数字全息的实现主要包括全息记录(图 1-3)、全息重建、信息提取等步骤。国内外学者在全息图记录与重建方法、颗粒识别和定位算法、速度测量等方面开展了大量研究。

1. 全息记录

首先，全息图的记录结构主要分同轴和离轴两大类。前者是 Gabor[48]在发明全息术时采用的，又称 Gabor 全息，其全息重建结果存在低频直流项和孪生像干扰；后者为经 Leith 和 Upatnieks[49]改进的结构，使用了一束倾斜的独立参考光，实现了重建像与孪生像、直流项分离的功能。在颗粒测量中，如果采用同轴记录、离轴重建的方法，则可以对物光高频信号进行重建[50]，相当于物光以一定倾角抵达全息图，另一种性能类似的方法采用是基于 4F 系统的同轴-离轴混合记录结构[51]，这种结构在记录时，可以采用 4F 系统在傅里叶平面去除物光的低频信号。为了去除同轴全息的孪生像、直流项，还可以将干涉计量中常用的四步相移法引入全息图记录中[52]，通过记录四张不同参考光相位的全息图，基于四步相移进行去除。此外，采用基于双边带滤波的记录方法[53]，记录两张全息图，每张包含一半频率的物光，也可以获得无孪生像和直流项干扰的合成全息图。相移全息和边带滤波全息的缺点是，需要在不同时刻记录两张以上的全息图，不适用于动态物体的测量。这可以采用平行相移全息[54]方法解决，通过对相机的不同像素位置采用不同相位延迟的玻璃片进行调制，进而拍摄得到可分解成多张不同相位的全息图，可用于动态物体的测量[55]。

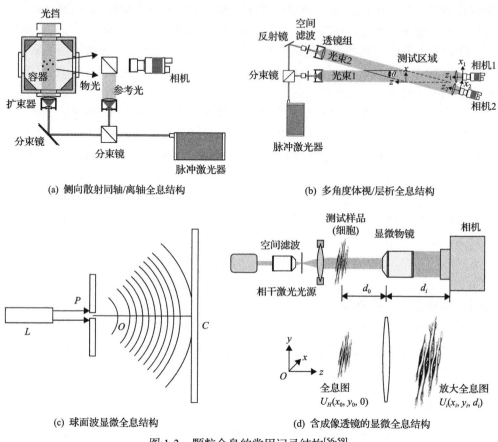

(a) 侧向散射同轴/离轴全息结构　　　　　　　(b) 多角度体视/层析全息结构

(c) 球面波显微全息结构　　　　　　　(d) 含成像透镜的显微全息结构

图 1-3　颗粒全息的常用记录结构[56-59]

2. 全息重建

全息图的数值重建是通过在计算机中模拟光的传播来实现。常见的重建方法，如卷积重建[60, 61]、角谱重建[62, 63]、菲涅耳近似重建[60, 61]、小波重建[64]、分数傅里叶重建[65]等，本质上都是光的衍射。关于全息的重建的具体算法，将在后面的章节中进行详细的论述。

3. 信息提取

信息提取是全息技术中的一个重要环节，主要是对重建完成的全息图进行分析，获得所需的物体参量。例如对于多相流中的颗粒来说，可以根据重建完成的全息图对颗粒进行识别、定位，并对颗粒的速度进行分析等。

一般而言，在重建平面上聚焦的颗粒区域灰度明显低于背景，是颗粒提取的主要依据。一类方法是在每个重建平面上用灰度阈值进行颗粒分割，然后对同一个颗粒在不同平面上的识别结果进行匹配和融合，颗粒区域平均灰度值最小的平面即为聚焦平面[66]。这类方法中颗粒的识别和定位同时进行，基于灰度判据的 z 轴定位误差较大。另一类方法是先通过图像融合的方法将不同平面上聚焦的颗粒融合于一张图片，然后在该融合图片中确定所有颗粒的二维位置，最后对每个颗粒进行 z 方向定位。最简单的图像融合算法是对每个像素沿着 z 方向取最小灰度值[67]，计算简单快捷，其缺点在于会将背景噪点也融合进图像中，且颗粒定位精度不高。在此基础上，人们研究采用颗粒边界灰度梯度平均值(利用 Sobel 算子计算)作为聚焦判据，z 方向定位精度相比于基于灰度值的判据有所提高[68, 69]。此外，研究者们还提出了采用小波分解方法实现图像的融合[70]，得到景深拓展图。所有的颗粒在景深拓展图中处于清晰聚焦状态，并且颗粒周围的噪声明显下降。此时用灰度阈值对景深拓展图进行二值化分割具有较好的效果。

颗粒 z 方向定位大体上可以分为三类。第一类，基于重建图(振幅或强度)灰度值及其相关操作的定位判据。除了颗粒内部最小平均灰度、边界最大梯度判据还有内部最小梯度(假设聚焦的颗粒内部是均匀的)[71]、不同平面间灰度相关系数(假设前后离焦结构对称)[72]。文献[69]、[70]对比了多种定位判据的效果。第二类，基于重建复振幅的定位判据。颗粒聚焦平面上复振幅的虚部变化率最小[73]，以此为聚焦判据的定位精度比灰度判据有明显提升；此外在颗粒聚焦平面处复振幅有相位翻转[74]，这也可以作为判据。第三类，对全息条纹图直接分析。如逆问题求解[75, 76]、最小均方根误差分析[77]等，这类方法定位精度高，但目前仅适用于具有严格理论解的球形颗粒。

在全息 PIV 中，一般通过三维互相关算法计算诊断体元的三维位移和速度，但是全息 PIV 无法得到每个颗粒的特征[78, 79]。近年来，出于对颗粒本身粒径、形貌、速度等多参数研究的要求，可追踪每个颗粒的全息 PTV 具有更广泛的应用。一个很大的问题是，数字全息对颗粒 z 方向的定位误差比 x–y 方向定位误差大一个数量级，而很多情况下 z 方向位移量反而远小于 x–y 方向。这导致直接通过连续两帧中颗粒位置相减求得的 z 方向速度相对误差很大，仅适合于以 z 方向运动为主的场景。

为了提高 z 方向位移的测量精度，可以对连续两帧中的颗粒进行匹配，然后对匹配成对颗粒的梯度图像沿 z 方向作互相关运算，取互相关系数最大值，该方法可以将 Δz 的误差从原来的数倍颗粒粒径降低到颗粒粒径的平均 15%，精度提高一个数量级以上[80]。基于聚焦函数互相关算法[81]与此原理相似，其适用的基本假设是颗粒在连续两帧中具有相同的形貌，点扩散函数基本不变。研究者们成功地将这类方法应用于不透明及透明颗粒、红细胞、不规则煤粉颗粒、喷雾液滴[82]等不同类型的颗粒高精度速度测量中。其他提高 z 方向速度测量精度的方法有多帧匹配[83, 84]、多角度记录[57, 85, 86]等,感兴趣的读者可以参阅相关文献,在此不赘述。

1.4.2　颗粒全息的应用概述

全息术早在 20 世纪 60 年代就开始被应用于颗粒测量。在 80、90 年代,随着电子记录设备的发展,干板全息逐渐被数字全息取代,这使得全息技术在流体力学、能源、环境、生物医学等多个领域得到了进一步的发展和应用。

在单液滴二次雾化方面,通常大液滴和小液滴同时存在,且液滴之间存在重合。研究者们提出了基于图像灰度和梯度的颗粒识别与定位算法[68, 69],这提高了液滴粒径和速度测量的可靠性,对部分重叠的颗粒也有较好的分离效果。当前数字全息技术已经在液滴破碎场景测试中有一些应用。例如液滴袋状破碎时形成的环形液滴的三维结构[87]、声悬浮装置中单液滴雾化的研究[88]等。采用不同放大倍数的全息系统,可以兼顾大视场和高分辨率测量的要求,提高了液滴粒径的测量范围[57],通过对大液滴和小液滴分别识别和定位,可以降低大液滴孪生像对小液滴测量的影响,保证测试精度。

在流场测试方面,全息 PIV 技术可以用于流场三维可视化和测速研究工作中。单相流测量需在流场中添加与流体密度近似的示踪粒子(5~100μm)[42],通过对示踪粒子的重建和追踪来获得流场信息。当前,全息 PIV 已经成功用在射流火焰中的旋涡形态、多组分液体混合等场景的可视化研究[89]及湍流的三维拟序结构和时间分辨的三维涡量研究[78]中。全息 PIV 对散斑噪声比较敏感,通常使用较低浓度的示踪粒子。关于全息 PIV 更进一步的应用研究,感兴趣的读者可以参考相关的综述文献[90, 91],下面的章节中也将对全息 PIV 技术进行详细的阐述。

喷雾测量方面,数字全息技术已经应用于熔融金属喷雾的形成过程[92]、液体射流喷雾特性[85]、液体射流在亚音速气流作用下的雾化过程[93]乃至激波管中液柱雾化过程[94]等研究场景中。对于视雾化场景及测量参数需求,人们往往会采用不同的光路布置和全息数据处理方法。例如,采用双视角数字全息技术[85],可以有效避免颗粒重叠效应;基于双脉冲、双曝光的数字全息 PTV 系统[72, 95],采用聚焦曲线相关系数作为颗粒聚焦判据,可以获得喷雾液滴高精度三维速度测量结果;基于高速数字全息[94],可以得到液滴粒径的时间、空间动态变化过程。对全息图像,基于霍夫变换确定液滴的中心位置[96-98],可以亚像素级别的二维位置定位精度。国内方面,对数字全息技术的应用场景包括柴油喷雾[96]、乙醇喷雾[97]及静电喷雾场[99]分别进行了测量,获取的参数主要是液滴的空间位置、粒径、速度及运动轨迹信息。目前,全息技术在实际燃料喷雾测量中的应用相对较少[100]。

在高温场景和燃烧场景中，早在 1979 年，传统的干板光学全息[101]就已经用于燃料颗粒的燃烧和热解测试中。但由于传统的光学全息，其全息图记录和重建过程过于复杂耗时，此外，因温度梯度引起的不均匀折射率会导致全息条纹图的变形[102]，以至严重影响重建像的质量，因此在当时这项技术没有得到广泛应用。随着数字全息的出现，这方面的应用开始逐渐增多。研究者们在用数字同轴全息[102]对推进燃烧器中的铝粉进行测量时发现，在层流环境下，火焰对成像质量的影响较小，重建的颗粒图像有清晰的边界。一般情况下，火焰的存在引发物体周围介质折射率变化，容易使定位发生一个整体的位移，其对火焰场颗粒之间相对位置的定位误差较小[103, 104]。因此，数字同轴全息在煤粉燃烧中的颗粒、挥发分、燃烧产物等分析中均可以取得良好的效果。根据这些研究，在高温度梯度的湍流等环境中，介质折射率变得更加不均匀，测量误差也会更大，可以用一种相位共轭同轴全息结构[105]来减小误差，通过一块相位共轭镜使衍射光原路返回再次经过火焰区域，抵消介质折射率不均匀导致的相位误差。上述研究初步奠定了数字全息用于燃烧颗粒测量的基础。

大气颗粒物测量方面，已经有团队开发了基于数字全息的高空云层中冰晶/液滴在线测量仪器[106, 107]，对云层中流场和颗粒物动力学特性进行了一系列研究。仪器安装在飞机机翼上，采用 20ns 脉宽的脉冲激光作为光源，确保了相对运动速度 100m/s 以上颗粒在全息图中位移可以忽略。该装置的粒径测量范围为 10μm～1.5mm，通过观察颗粒的形貌可确定颗粒的相态。最近，通过对实验层面[108]和真实云层中[109]不同位置的冰晶/水滴的粒径分布分析，研究了云层中液滴团结、湍流耗散等科学问题。该课题组还在提高颗粒粒径[110]、位置[74]精度和颗粒轨迹追踪算法[83]等方面取得了重要进展，是将全息方法研究成功用于解决实际流场问题的典型。其他数字全息测量大气颗粒的研究有：基于垂直布置的数字全息系统[86]，测量近地面空气中的冰晶颗粒；基于数字全息[111]测量空气中 15～500μm 矿物粉尘气溶胶；基于数字显微全息[112]测量亚微米气溶胶在微重力条件下的三维运动过程。这些应用为测量小于光学分辨率的颗粒粒径提供了一种思路。

在微流体、生物医学领域，数字显微全息也有较为广泛的应用[113-117]。在不同形状的微通道中流场速度测量中，人们针对微通道颗粒全息图进行了重建方法[116]、颗粒匹配方法[117]的优化。数字显微全息可用于研究活体细胞(如红细胞[118, 119]、肿瘤细胞[119]、精细胞[120])的三维表面形貌和运动速度，以及活体微生物的二维形貌和运动轨迹。一些潜水式的全息装置，还可对水域中微生物进行原位测量[121, 122]。

数字全息在其他多相流方面的应用包括液-液乳化过程分散相的测量[123]，气泡和空穴在液体中的生成、运动过程分析[67, 124]，测量装置和数据处理与本节前段提到的应用类似。图 1-4 为全息颗粒场测量的典型应用。

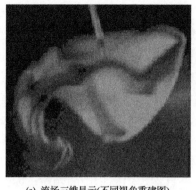

(a) 流场三维显示(不同视角重建图)

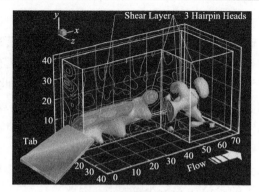

(b) 流场三维速度、涡量

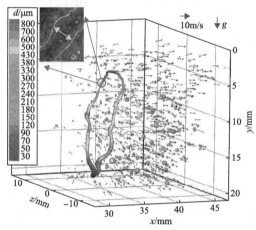

(c) 液滴二次雾化三维速度、粒径

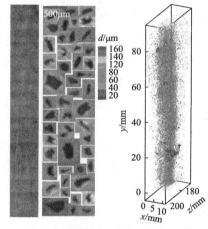

(d) 煤粉形貌、粒径、浓度

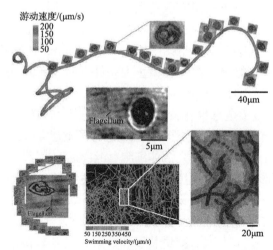

(e) 微生物运动轨迹

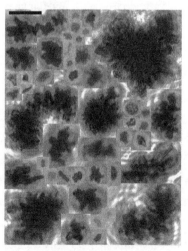

(f) 云层冰晶/液滴形貌、粒径

图 1-4 颗粒全息的多种测量用途[46, 47, 63, 70, 96, 97]

1.5　本书内容及结构

本书介绍数字全息技术及其在颗粒场三维测量中的应用，内容主要包括两部分：数字全息三维测量技术的理论、数字全息测量颗粒场的应用。

第一部分为数字全息三维测量技术的研究，以颗粒全息的基础理论研究为主，包括第 2 章～第 6 章。其中，第 2 章从麦克斯韦方程组切入，推导得出光的标量衍射公式，并介绍了全息成像的基本理论及表述方法，此外总结了常见的几种全息技术。第 3 章介绍了全息图的重建方法，包括卷积重建、角谱重建、菲涅耳近似重建、小波重建、分数傅里叶变换重建、压缩感知重建等算法，并比较了各类重建方法的特点及优劣。第 4 章介绍了颗粒全息的光散射理论及光衍射理论。第 5 章介绍了各类情况下颗粒全息图像特性，并给出了全息重建结果中颗粒形貌识别、三维位置定位方法。第 6 章介绍了数字全息粒子图像测速（DHPIV）及数字全息粒子追踪测速（DHPTV）方法。

第二部分为数字全息测量各种颗粒流场的应用研究，介绍了各类复杂场景下全息的应用方法，包括第 7 章～第 11 章。其中第 7、8 章介绍了燃烧流场中的颗粒全息测量应用，包括煤粉燃烧、固体推进剂燃烧、喷雾燃烧、爆炸冲击。第 9 章介绍了曲面容器内颗粒的全息成像及重建理论，对曲面像散对全息图像的影响进行了研究，并给出了圆管内颗粒全息测量的应用，证实了成像及重建方法的可行性。第 10 章介绍了微尺度下全息测量的应用，对边界层流动、细胞成像、细胞运动观测等微尺度流动下全息的应用进行了介绍。第 11 章为数字全息技术使用的主要仪器设备，介绍了全息技术在海洋监测、工业粉体监测、飞行器流场监测、生物细胞检测、物体表面形貌测量等领域的应用。

参 考 文 献

[1] Spadaccini C M, Mehra A, Lee J, et al. High power density silicon combustion systems for micro gas turbine engines. Journal of Engineering for Gas Turbines and Power, 2003, (125): 709-719.

[2] Moon S H, Hwang G, Ko S C, et al. Experimental study on the thermal performance of micro-heat pipe with cross-section of polygon. Microelectronics Reliability, 2004, (44): 315-321.

[3] Lee D H, Kwon S. Heat transfer and quenching analysis of combustion in a micro combustion vessel. Journal of Micromechanics and Microengineering, 2002, (12): 670-676.

[4] 蔡小舒, 苏明旭, 沈建琪, 等. 颗粒粒度测量技术及应用. 北京: 化学工业出版社, 2010.

[5] 曹建明. 喷雾学研究的国际进展. 长安大学学报（自然科学版）, 2005, 25(1): 82-87.

[6] 李良. 气固两相流静电相关流速测量研究. 天津: 天津大学, 2008.

[7] 王世功. 静电法速度测量系统的研究. 沈阳: 东北大学, 2009.

[8] 刘劲松, 李伟权, 许沧粟. 柴油机喷雾特性测试方法的研究进展. 小型内燃机与摩托车, 2009, 38(3): 77-84.

[9] 刘石, 徐建中. 粉粒体两相流的电容层析成象测量. 工程热物理学报, 2002, 23(1): 94-98.

[10] 未小会. 管道积液超声波检测技术研究. 青岛: 中国石油大学(华东), 2011.

[11] 李德明. 低流速高含水油水两相流超声传感器测量特性研究. 天津: 天津大学, 2012.

[12] Frohn A, Roth N. Dynamics of Droplets. Berlin: Springer Verlag, 2000.

[13] Tropea C. Optical particle characterization in flows. Annual Review of Fluid Mechanics, 2011, (43): 399-426.

[14] Albrecht H E, Damaschke N, Borys M, et al. Laser Doppler and Phase Doppler Measurement Techniques. Berlin: Springer, 2002.

[15] Golombok M, Morin V, Mounaim-Rousselle C. Droplet diameter and the interference fringes between reflected and refracted light. Journal of Physics D: Applied Physics, 1999, (31): L59.

[16] Roth N, Anders K, Frohn A. Refractive-index measurements for the correction of particle sizing methods. Applied Optics, 1991, (30): 4960-4965.

[17] van Beeck J, Giannoulis D, Zimmer L, et al. Global rainbow thermometry for droplet-temperature measurement. Optics Letters, 1999, (24): 1696-1698.

[18] Wu X C, Wu Y C, Sawitree S, et al. Concentration and composition measurement of sprays with a global rainbow technique. Measurement Science and Technology, 2012, (23): 125302.

[19] 吴迎春, 吴学成, Saengkaew S, 等. 全场彩虹技术测量喷雾浓度及粒径分布. 物理学报, 2013, (9): 76-83.

[20] Wu X C, Jiang H Y, Wu Y C, et al. One-dimensional rainbow thermometry system by using slit apertures. Optics Letters, 2014, (39): 638-641.

[21] Adrian R J, Westerweel J. Particle Image Velocimetry. Cambridge: Cambridge Univ Pr, 2010.

[22] Raffel M, Willert C B, Wereley S T, et al. Particle Image Velocimetry: A Practical Guide. Berlin: Springer, 2007.

[23] Lei Y C, Tien W H, Duncan J, et al. A vision-based hybrid particle tracking velocimetry (PTV) technique using a modified cascade correlation peak-finding method. Experiments in Fluids, 2012, (53): 1251-1268.

[24] Kowalczyk M. Laser speckle velocimetry, Optical Velocimetry, 1996: 139-145.

[25] Yang Y, Kang B. Measurements of the characteristics of spray droplets using in-line digital particle holography. Journal of Mechanical Science and Technology, 2009, (23): 1670-1679.

[26] 何旭, 马骁, 王建昕. 用激光诱导炽光法定量测量火焰中的碳烟浓度. 燃烧科学与技术, 2009, 15(4): 344-349.

[27] 岳宗宇. 基于激光诱导炽光法的碳烟测量方法研究. 天津: 天津大学, 2012.

[28] Neij H, Johansson B, Aldén M. Development and demonstration of 2D-LIF for studies of mixture preparation in SI engines. Combustion and Flame, 1994, (99): 449-457.

[29] Münsterer T, Jhne B. LIF measurements of concentration profiles in the aqueous mass boundary layer. Experiments in Fluids, 1998, (25): 190-196.

[30] 李捷. 应用激光诱导击穿光谱进行煤质测量的机理研究. 武汉: 华中科技大学, 2010.

[31] 胡丽, 赵南京, 刘文清, 等. 水体重金属 LIBS 多元素测量参数优化方法研究. 光谱学与光谱分析, 2014, (4): 869-873.

[32] Prenel J P, Bailly Y. Recent evolutions of imagery in fluid mechanics: From standard tomographic visualization to 3D volumic velocimetry. Optics and Lasers in Engineering, 2006, (44): 321-334.

[33] Hsieh J. Computed Tomography: Principles, Design, Artifacts, and Recent Advances. Bellingham: SPIE, 2009.

[34] 周怀春. 炉内火焰可视化检测原理与技术. 北京: 科学出版社, 2005.

[35] Scarano F. Tomographic PIV: principles and practice. Measurement Science and Technology, 2013, (24): 012001.

[36] Haigermoser C, Scarano F, Onorato M. Investigation of the flow in a circular cavity using stereo and tomographic particle image velocimetry. Experiments in Fluids, 2009, (46): 517-526.

[37] 聂云峰, 相里斌, 周志良. 光场成像技术进展. 中国科学院大学学报, 2011, 28: 563-572.

[38] Ren N. Digital light field photography. Standford University, 2006.

[39] 张彪, 刘煜东, 许传龙, 等. 基于聚焦型光场相机的火焰温度场重建. 工程热物理学报, 2018, (39): 412-416.

[40] 丁俊飞, 许晟明, 施圣贤. 光场单相机三维流场测试技术. 实验流体力学, 2016, (30): 51-58, 50.

[41] Pu Y, Song X, Meng H. Off-axis holographic particle image velocimetry for diagnosing particulate flows. Experiments in Fluids, 2000, (29): S117-S128.

[42] Meng H, Hussain F. Holographic particle velocimetry: A 3D measurement technique for vortex interactions, coherent structures and turbulence. Fluid Dynamics Research, 1991, (8): 33-52.

[43] Darakis E, Khanam T, Rajendran A, et al. Microparticle characterization using digital holography. Chemical Engineering Science, 2010, (65): 1037-1044.

[44] Sun W W, Zhao J L, Di J L, et al. Real-time visualization of Karman vortex street in water flow field by using digital holography. Optics Express, 2009, (17): 20342-20348.

[45] Singh V R, Hegde G, Asundi A. Particle field imaging using digital in-line holography. Current Science India, 2009, (96): 391-397.

[46] Cheong F C, Sun B, Dreyfus R, et al. Flow visualization and flow cytometry with holographic video microscopy. Optics Express, 2009, (17): 13071-13079.

[47] Meng H, Pan G, Pu Y, et al. Holographic particle image velocimetry: From film to digital recording. Measurement Science and Technology, 2004, (15): 673-685.

[48] Gabor D. A new microscopic principle. Nature, 1948, (161): 777-778.

[49] Leith E N, Upatnieks J. Wavefront reconstruction with diffused illumination and three-dimensional objects. Journal of Optical Society of America, 1964, (54): 1295-1301.

[50] Meng H, Hussain F. In-line recording and off-axis viewing technique for holographic particle velocimetry. Applied Optics, 1995, (34): 1827-1840.

[51] Zhang J, Tao B, Katz J. Turbulent flow measurement in a square duct with hybrid holographic PIV. Experiments in Fluids, 1997, (23): 373-381.

[52] Yamaguchi I, Zhang T. Phase-shifting digital holography. Optics Letters, 1997, (22): 1268-1270.

[53] Claudio R, Angel L, Claudio I, et al. Inline digital holographic movie based on a double-sideband filter. Optics Letters, 2015, (40): 4142-4145.

[54] Awatsuji Y, Sasada M, Kubota T. Parallel quasi-phase-shifting digital holography. Applied Physics Letters, 2004, (85): 1069.

[55] Kakue T, Yonesaka R, Tahara T, et al. High-speed phase imaging by parallel phase-shifting digital holography. Optics Letters, 2011, (36): 4131-4133.

[56] Cao L, Pan G, de Jong J, et al. Hybrid digital holographic imaging system for three-dimensional dense particle field measurement. Applied Optics, 2008, (47): 4501-4508.

[57] Guildenbecher D R, Gao J, Chen J, et al. Characterization of drop aerodynamic fragmentation in the bag and sheet-thinning regimes by crossed-beam, two-view, digital in-line holography. International Journal of Multiphase Flow, 2017, (94): 107-122.

[58] Garcia-Sucerquia J, Xu W B, Jericho S K, et al. Digital in-line holographic microscopy. Applied Optics, 2006, (45): 836-850.

[59] Sheng J, Malkiel E, Katz J. Digital holographic microscope for measuring three-dimensional particle distributions and motions. Applied optics, 2006, (45): 3893-3901.

[60] Schnars U, Falldorf C, Watson J, et al. Digital Holography and Wavefront Sensing. Berlin: Springer, 2016.

[61] Kreis T M, Adams M, Jüptner W P. Methods of digital holography: A comparison. Lasers and Optics in Manufacturing III. International Society for Optics and Photonics, 1997, 3098: 224-233.

[62] Verrier N, Atlan M. Off-axis digital hologram reconstruction: some practical considerations. Applied Optics, 2011, （50）: H136-H146.

[63] Joseph W G. Introduction to Fourier Optics. New York: McGraw Hill, 1996.

[64] Malek M, Coetmellec S, Allano D, et al. Formulation of in-line holography process by a linear shift invariant system: application to the measurement of fiber diameter. Optics Communications, 2003, （223）: 263-271.

[65] Zhang Y, Pedrini G, Osten W, et al. Applications of fractional transforms to object reconstruction from in-line holograms. Optics Letters, 2004, （29）: 1793-1795.

[66] Singh D K, Panigrahi P. Improved digital holographic reconstruction algorithm for depth error reduction and elimination of out-of-focus particles. Optics Express, 2010, （18）: 2426-2448.

[67] Tian L, Loomis N, Dominguez-Caballero J A, et al. Quantitative measurement of size and three-dimensional position of fast-moving bubbles in air-water mixture flows using digital holography. Applied Optics, 2010, （49）: 1549-1554.

[68] Guildenbecher D R, Gao J, Reu P L, et al. Digital holography simulations and experiments to quantify the accuracy of 3D particle location and 2D sizing using a proposed hybrid method. Applied Optics, 2013, （52）: 3790-3801.

[69] Gao J, Guildenbecher D R, Reu P L, et al. Uncertainty characterization of particle depth measurement using digital in-line holography and the hybrid method. Optics Express, 2013, （21）: 26432-26449.

[70] Wu Y C, Wu X C, Yang J, et al. Wavelet-based depth-of-field extension, accurate autofocusing, and particle pairing for digital inline particle holography. Applied Optics, 2014, （53）: 556-564.

[71] Palero V, Arroyo M, Soria J. Digital holography for micro-droplet diagnostics. Experiments in Fluids, 2007, （43）: 185-195.

[72] Yang Y, Kang B S. Digital particle holographic system for measurements of spray field characteristics. Optics and Lasers in Engineering, 2011, （49）: 1254-1263.

[73] Pan G, Meng H. Digital holography of particle fields: Reconstruction by use of complex amplitude. Applied Optics, 2003, （42）: 827-833.

[74] Yang W, Kostinski A B, Shaw R A. Phase signature for particle detection with digital in-line holography. Optics Letters, 2006, （31）: 1399-1401.

[75] Seifi M, Fournier C, Grosjean N, et al. Accurate 3D tracking and size measurement of evaporating droplets using in-line digital holography and "inverse problems" reconstruction approach. Optics Express, 2013, （21）: 27964.

[76] Soulez F, Denis L, Fournier C, et al. Inverse-problem approach for particle digital holography: Accurate location based on local optimization. Journal of the Optical Society of America A—Optics Image Science and Vision, 2007, （24）: 1164-1171.

[77] Wu X C, Gréhan G, Meunier-Guttin-Cluzel S, et al. Sizing of particles smaller than 5 μm in digital holographic microscopy. Optics Letters, 2009, （34）: 857-859.

[78] Pu Y, Meng H. Four-dimensional dynamic flow measurement by holographic particle image velocimetry. Applied Optics, 2005, （44）: 7697-7708.

[79] Pu Y, Meng H. An advanced off-axis holographic particle image velocimetry （HPIV） system. Experiments in Fluids, 2000, （29）: 184-197.

[80] Guildenbecher D R, Reu P L, Stuaffacher H L, et al. Accurate measurement of out-of-plane particle displacement from the cross correlation of sequential digital in-line holograms. Optics Letters, 2013, （38）: 4015-4018.

[81] Seo K W, Lee S J. High-accuracy measurement of depth-displacement using a focus function and its cross-correlation in holographic PTV. Optics Express, 2014, (22): 15542-15553.

[82] Wu Y, Wu X, Yao L, et al. Direct particle depth displacement measurement in DHPTV using spatial correlation of focus metric curves. Optics Communications, 2015, (345): 71-79.

[83] Lu J, Fugal J P, Nordsiek H, et al. Lagrangian particle tracking in three dimensions via single-camera in-line digital holography. New Journal of Physics, 2008, (10): 125013.

[84] Guildenbecher D R, Cooper M A, Sojka P E. High-speed (20 kHz) digital in-line holography for transient particle tracking and sizing in multiphase flows. Applied Optics, 2016, (55): 2892-2903.

[85] Sallam K, Lin K C, Carter C. Spray structure of aerated liquid jets using double-view digital holography. AIAA Aerospace Sciences Meeting Including the New Horizons Forum and Aerospace Exposition, 2013.

[86] Raupach S M F, Vössing H J, Curtius J, et al. Digital crossed-beam holography for in situ imaging of atmospheric ice particles. Journal of Optics A: Pure and Applied Optics, 2006, (8): 796-806.

[87] Gao J, Guildenbecher D R, Reu P L, et al. Quantitative, three-dimensional diagnostics of multiphase drop fragmentation via digital in-line holography. Optics Letters, 2013, (38): 1893-1895.

[88] Yao L, Wu X, Wu Y, et al. Characterization of atomization and breakup of acoustically levitated drops with digital holography. Applied Optics, 2015, (54): A23-A31.

[89] Meng H, Estevadeordal J, Gogineni S, et al. Holographic flow visualization as a tool for studying three-dimensional coherent structures and instabilities. Journal of Visualization, 1998, (1): 133-144.

[90] Meng H, Pan G, Pu Y, et al. Holographic particle image velocimetry: from film to digital recording. Measurement Science and Technology, 2004, (15): 673.

[91] Simmons S, Meng H, Hussain F, et al. Advances in holographic particle velocimetry. Proceedings of SPIE-The International Society for Optical Engineering, 1993.

[92] Müller J, Kebbel V, Jüptner W. Characterization of spatial particle distributions in a spray-forming process using digital holography. Measurement Science and Technology, 2004, (15): 706.

[93] Olinger D S, Sallam K A, Lin K C, et al. Digital holographic analysis of the near field of aerated-liquid jets in crossflow. Journal of Propulsion and Power, 2014, (30): 1636-1645.

[94] Guildenbecher D R, Wagner J L, Olles J D, et al. kHz Rate Digital In-line Holography Applied to Quantify Secondary Droplets from the Aerodynamic Breakup of a Liquid Column in a Shock-Tube. AIAA Aerospace Sciences Meeting, 2016.

[95] Yang Y, Kang B. Measurements of the characteristics of spray droplets using in-line digital particle holography. Journal of Mechanical Science and Technology, 2010, (23): 1670-1679.

[96] 吕且妮, 赵晨, 马志彬, 等. 柴油喷雾场粒子尺寸和粒度分布的数字全息实验. 中国激光, 2010, (37): 779-783.

[97] 吕且妮, 葛宝臻, 高岩, 等. 乙醇喷雾场粒子尺寸和速度的数字全息测量. 光子学报, 2010, (39): 266-270.

[98] Lü Q, Chen Y, Yuan R, et al. Trajectory and velocity measurement of a particle in spray by digital holography. Applied Optics, 2009, (48): 7000-7007.

[99] 徐青曹, 曹亮, 雷岚, 等. 静电雾化场的数字全息实验研究. 激光技术, 2013, (37): 143-146.

[100] Schaller J K, Stojanoff C G. Holographic Investigations of a Diesel Jet injected into a high-pressure test chamber. Particle & Particle Systems Characterization, 2010, (13): 196-204.

[101] Trolinger J D, Heap M P. Coal particle combustion studied by holography. Applied Optics, 1979, (18): 1757-1762.

[102] Guildenbecher D R, Cooper M A, Gill W, et al. Quantitative, three-dimensional imaging of aluminum drop combustion in solid propellant plumes via digital in-line holography. Optics Letters, 2014, (39): 5126-5129.

[103] Wu Y C, Yao L, Wu X C, et al. 3D imaging of individual burning char and volatile plume in a pulverized coal flame with digital inline holography. Fuel, 2017, (206): 429-436.

[104] Wu Y C, Wu X C, Yao L C, et al. Simultaneous particle size and 3D position measurements of pulverized coal flame with digital inline holography. Fuel, 2017, (195): 12-22.

[105] Guildenbecher D R, Hoffmeister K N G, Kunzler W M, et al. Phase conjugate digital inline holography (PCDIH). Optics Letters, 2018, (43): 803-806.

[106] Fugal J P, Shaw R A. Cloud particle size distributions measured with an airborne digital in-line holographic instrument. Atmospheric Measurement Techniques, 2009, (2): 259-271.

[107] Fugal J P, Shaw R A, Saw E W, et al. Airborne digital holographic system for cloud particle measurements. Applied Optics, 2004, (43): 5987-5995.

[108] Larsen M L, Shaw R A. A method for computing the three-dimensional radial distribution function of cloud particles from holographic images. Atmospheric Measurement Techniques, 2018, (11): 4261-4272.

[109] Larsen M L, Shaw R A, Kostinski A B, et al. Fine-scale droplet clustering in atmospheric clouds: 3D radial distribution function from airborne digital holography. Physical Review Letters, 2018, (121): 204501.

[110] Lu J, Shaw R A, Yang W. Improved particle size estimation in digital holography via sign matched filtering. Optics Express, 2012, (20): 12666-12674.

[111] Berg M J, Videen G. Digital holographic imaging of aerosol particles in flight. Journal of Quantitative Spectroscopy and Radiative Transfer, 2011, (112): 1776-1783.

[112] Prodi F, Santachiara G, Travaini S, et al. Digital holography for observing aerosol particles undergoing Brownian motion in microgravity conditions. Atmospheric Research, 2006, (82): 379-384.

[113] Satake S I, Takafumi A, Hiroyuki K, et al. Measurements of three-dimensional flow in microchannel with complex shape by micro-digital-holographic particle-tracking velocimetry. Journal of Heat Transfer, 2008, (130): 042413.

[114] Satake S I, Kunugi T, Sato K, et al. Measurements of 3D flow in a micro-pipe via micro digital holographic particle tracking velocimetry. Measurement Science and Technology, 2006, (17): 1647.

[115] Kim S, Lee S J. Measurement of 3D laminar flow inside a microtube using microdigital holographic particle tracking velocimetry. Journal of Micromechanics and Microengineering, 2007, (17): 2157-2162.

[116] Verrier N, Remacha C, Brunel M, et al. Micropipe flow visualization using digital inline holographic microscopy. Optics Express, 2010, (18): 7807-7819.

[117] Wu Y C, Wu X C, Wang Z H, et al. Measurement of microchannel flow with digital holographic microscopy by integrated nearest neighbor and cross-correlation particle pairing. Applied Optics, 2011, (50): H297-H305.

[118] Choi Y S, Lee S J. Three-dimensional volumetric measurement of red blood cell motion using digital holographic microscopy. Applied Optics, 2009, (48): 2983-2990.

[119] Sun H, Song B, Dong H, et al. Visualization of fast-moving cells *in vivo* using digital holographic video microscopy. Biomedo, 2008, (13): 133-141.

[120] di Caprio G, Ferrara M A, Miccio L, et al. Holographic imaging of unlabelled sperm cells for semen analysis: A review. Journal of Biophotonics, 2015, (8): 779-789.

[121] Sullivan J, Katz J, Talapatra S, et al. Using *in-situ* holographic microscopy for ocean particle characterization. OCEANS, 2011 IEEE, Spain, 2011: 1-6.

[122] Talapatra S, Sullivan J, Katz J, et al. Application of *in-situ* digital holography in the study of particles, organisms and bubbles within their natural environment, SPIE Defense, Security, and Sensing, International Society for Optics and Photonics, 2012, pp. 837205.

[123] Lamadie F, Bruel L, Himbert M. Digital holographic measurement of liquid–liquid two-phase flows. Optics and Lasers in Engineering, 2012, （50）: 1716-1725.

[124] Lebrun D, Allano D, Méès L, et al. Size measurement of bubbles in a cavitation tunnel by digital in-line holography. Applied Optics, 2011, （50）: H1-H9.

第 2 章　全息的基本原理

2.1　衍射理论的建立

光同时具有粒子性和波动性。在微观层面上，光与基本粒子的相互作用等微观现象需要用粒子光学来解决；在宏观层面上，利用光的波动性则更容易直观地解释一些物理现象，如光的传播和成像等现象。本书所涉及的光学知识主要基于光的波动性，波动光学由麦克斯韦经典电磁波方程组描述。除了球形颗粒散射等特殊情况，麦克斯韦方程组目前并无理论解。在光传播过程中，当障碍物尺寸和传播平面间的距离远大于光波波长时，可以忽略麦克斯韦方程中电矢量和磁矢量的耦合作用，将传播、衍射、成像、干涉等过程通过标量衍射理论来描述。标量衍射理论是将电矢量视作标量来简化麦克斯韦方程，并求解电场波动方程从而描述光的传播的理论。以标量衍射理论为基础，光的复振幅(包含振幅和相位)传播在不同的假设下有基尔霍夫衍射公式、瑞利-索末菲公式两个主要的衍射公式，它们是光学衍射理论解决光的传播、衍射、成像、干涉等问题的最重要工具。本书讨论的全息理论主要从标量衍射理论和这些经典衍射公式发展而来。

本节从麦克斯韦电磁波方程组出发，首先介绍标量衍射理论的建立，然后介绍基尔霍夫衍射公式和瑞利-索末菲衍射公式，并在此基础上得到一些衍射近似公式，这些是进一步解释全息原理的必备知识。

2.1.1　光波的描述与标量衍射理论

在没有自由电荷存在时，电磁波传播的麦克斯韦方程组为

$$\nabla \times E = -\mu \frac{\partial H}{\partial t}$$
$$\nabla \times H = \varepsilon \frac{\partial E}{\partial t}$$
$$\nabla \cdot E = 0$$
$$\nabla \cdot H = 0$$

(2-1)

其中，E 和 H 分别表示电场和磁场强度，在笛卡儿空间坐标系中有 x, y, z 三个分量；μ 和 ε 分别表示传播介质的磁导率和电容率；符号 $\times$ 和 $\cdot$ 分别表示叉乘和点乘。

$\nabla = \dfrac{\partial}{\partial x}e_i + \dfrac{\partial}{\partial y}e_j + \dfrac{\partial}{\partial x}e_k$，表示哈密顿算子，其中 e_i、e_j、e_k 分别表示 x、y、z 方向上的单位矢量。

很多情况下，对于所研究的一般介质而言，它的物性具有以下特性。

(1) 非磁性：介质磁导率等于真空中的磁导率 μ_0。

(2) 线性：介质中某一处电磁场为所有点源在该处产生电磁场的线性叠加。

(3) 各向同性：介质的性质与电磁波的偏振方向无关。

(4) 均匀性：介质的电容率在传播区域内不变。

(5) 无色散性：介质的电容率与传播的电磁波波长无关。

光在符合上述特性的介质中传播时，将运算符号 $\nabla \times$ 运用于方程组中第一、二两个方程，可以得到

$$\nabla^2 E - \dfrac{n^2}{c^2}\dfrac{\partial^2 E}{\partial t^2} = 0$$

$$\nabla^2 H - \dfrac{n^2}{c^2}\dfrac{\partial^2 H}{\partial t^2} = 0$$

(2-2)

其中，$\nabla^2 = \dfrac{\partial^2}{\partial x^2} + \dfrac{\partial^2}{\partial y^2} + \dfrac{\partial^2}{\partial z^2}$，表示拉普拉斯算子；$c = 1/\sqrt{\mu_0 \varepsilon_0}$，表示真空中的光速；$n = 1/\sqrt{\varepsilon/\varepsilon_0}$，表示介质的折射率（$\varepsilon_0$ 为真空中的电容率）。可见 E 和 H 遵循矢量波动方程，它们的所有分量都遵循相同形式的标量波动方程

$$\nabla^2 u(P,t) - \dfrac{n^2}{c^2}\dfrac{\partial^2 u(P,t)}{\partial t^2} = 0$$

(2-3)

其中，$u(P,t)$ 表示任意标量场分量；u 依赖于空间位置 P 和时间 t，这样就可以对光的传播用标量理论来近似描述。但当介质不符合上述条件时，如介质的电容率 ε 随着空间位置 P 变化或者对均匀介质中的传播加上边界条件限制，那么标量理论就会出现一定偏差，读者可以参考文献[1]中的介绍。标量理论对麦克斯韦方程组做了极大的简化，为研究相关的问题带来了方便。在近似均匀的介质中，衍射物的结构比光波波长大得多时，标量理论就是精确的。

单色的标量波可以写成：

$$u(P,t) = A(P)\cos\left[2\pi\omega t - \phi(P)\right]$$

(2-4)

其中，$A(P)$ 和 $\phi(P)$ 表示点 P 处的振幅和相位；ω 为光的频率。更简单地，可以

用复数表示：

$$u(P,t) = \text{Re}\{U(P)\cos[2\pi\omega t - \phi(P)]\} \tag{2-5}$$

其中，Re{} 表示复数的实部；$U(P) = A(P)\exp[i\phi(P)]$，表示一个称为相矢量的复值函数。把式(2-5)代入式(2-3)，得到不含时间变量的亥姆霍兹公式：

$$(\nabla^2 + k^2)U = 0 \tag{2-6}$$

其中

$$k = \frac{2\pi n\omega}{c} = \frac{2\pi}{\lambda} \tag{2-7}$$

式中，k 表示波数；$\lambda = c/(n\omega)$，表示传播介质中的波长，在真空或均匀介质中单色光的复振幅满足这一关系式。

　　为了求出空间中任意一点的复振幅，需要求解式(2-6)所表示的亥姆霍兹方程。根据不同的边界条件假设，求解方式主要有基尔霍夫衍射理论、瑞利-索末菲衍射理论两种，基于此，可以推导出光在一个平面上的复振幅，以及它传播到另一平行平面时的衍射公式，分别称为基尔霍夫衍射公式和瑞利-索末菲衍射公式。对于简单的平面波，还可以直接对亥姆霍兹公式中的光场做傅里叶变换，求解频域中的传递函数，得到平面波传播后的频率图再做傅里叶逆变换计算出传播后的光场，这一方法为衍射的角谱理论。

2.1.2　基尔霍夫衍射公式

　　基尔霍夫曾经用格林定理把式(2-6)在空间中任意一点 P_0 的解与包含这一点的封闭曲面 S 上的解及其一阶导数建立关系。并建立了亥姆霍兹和基尔霍夫积分定理，把任意一点的光场复振幅用包围这一点的任意封闭面上的复振幅来表示。基尔霍夫利用这个积分定理解决了平面屏幕衍射问题，提出了基尔霍夫衍射公式。

　　如图 2-1 所示，考虑一个点光源传播通过不透明屏幕上的一个开孔引起的衍射现象，需要计算开孔后面一点 P_0 上的光场。应用亥姆霍兹和基尔霍夫积分定理，围绕 P_0 点做一个闭合面 S，S 由三部分组成：开孔区域 S_a，不透明屏的部分背阴面 S_b，以 P_0 为中心半径为 R 的大球部分球面 S_c。而 S_a、S_b、S_c 上的 U 和 $\partial U / \partial n$ 无法确切知道，为了解决这个问题，基尔霍夫做了如下两个假设：

　　(1)在 S_a 上，U 和 $\partial U / \partial n$ 跟没有屏幕时完全相同。

　　(2)在 S_b 上，U 和 $\partial U / \partial n$ 恒为零。

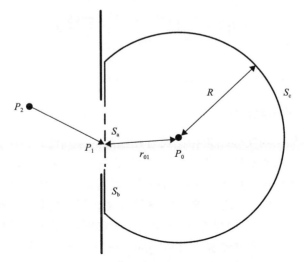

图 2-1　平面屏幕衍射的基尔霍夫解

这两个假设一般称为基尔霍夫边界假设，是基尔霍夫衍射理论的基础。实际上，该问题中 S_c 对 P_0 点的贡献也为零，P_0 点的扰动仅来自 S_a。

基尔霍夫的两个边界假设都不是严格成立的：第一个假设忽略了开孔边缘的场与无开孔时的区别；第二个假设则本身不具有自洽性，因为 U 和 $\partial U / \partial n$ 在 S_b 上恒为零意味着孔径后面各处的场恒为零，这显然与实际物理现象矛盾。尽管有这些矛盾，基尔霍夫衍射理论仍然能够在描述衍射问题时给出非常准确的结论，他的衍射公式也被广泛地用于解决光学问题。P_0 的场是位于孔径内的无穷多个虚拟的次级发散球面波 $\exp(\mathrm{i}kr_{01}) / r_{01}$ 的叠加。P_1 点上的次级波源的振幅和相位与照明光源的波前及照明方向和观察方向之间的角度有关，它具有以下性质：

（1）它的复振幅与相应点上的激励复振幅 $U(P_1)$ 成正比。这是由波传播的线性特性决定的。

（2）它的振幅与波长成反比，且含有一个常数因子 $1/\mathrm{i}$（表明相位因子比入射波的相位超前 90°）。这是因为单色场扰动是形如 $\exp(-\mathrm{i}2\pi\omega t)$ 的顺时针旋转矢量，它的时间导数正比于频率 ω 和 $-\mathrm{i} = 1/\mathrm{i}$。

（3）每个次波源具有一个倾斜因子 $[\cos(n, r_{01}) - \cos(n, r_{21})] / 2$。正如文献[1]中所说，它并不具有一个明显的"准物理"解释，更多的是数学推导的结论。

在基尔霍夫之前，菲涅耳结合惠更斯包络作图和杨氏干涉原理相当任意地做了类似的假设，因此这种虚拟次级球面波叠加的表示也称作惠更斯-菲涅耳原理。基尔霍夫则利用数学工具表明，这些性质是光的波动本性的自然结果。对于无限远处的点光源产生的平面波照明，P_0 点的光振幅为

$$U(P_0) = \frac{A}{i\lambda} \iint\limits_{S_a} \frac{\exp(ikr_{01})}{r_{01}} \frac{1+\cos\theta}{2} ds \qquad (2\text{-}8)$$

其中，A 表示平面波振幅；θ 表示 n 和 r_{01} 之间的夹角。

2.1.3 瑞利-索末菲衍射公式

基尔霍夫的理论与实验结果相比具有相当高的准确性，但是其内在的不自洽性使人们对使用基尔霍夫边界条件不能满意，也促使人们尝试更满意的数学理论。为了不对图 2-1 中 S_b 区域的 U 和 $\partial U/\partial n$ 同时设定边界条件(产生不自洽的原因)，索末菲选用了两种不同于基尔霍夫的格林函数 G。第一种格林函数中，索末菲认为孔径上的任一点 P_1 的复振幅为 P_0 上的点光源和屏幕对面 P_0 对称点 $\tilde{P}_0$ 上的点光源的复振幅叠加，且两个点光源具有相同的波长，180°相位差。由于 P_0、$\tilde{P}_0$ 对称，因此在孔径范围之内，任意一点 P_1 的复振幅为 0。通常把这个解称为第一种瑞利-索末菲解。

第二种格林函数中，他认为任意一点 P_1 复振幅的梯度为零，如图 2-2 所示。通常把这个解称为第二种瑞利-索末菲解。

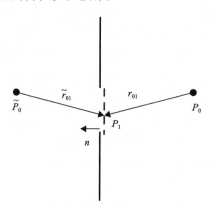

图 2-2　平面屏幕衍射的瑞利-索末菲解

事实上，可以发现基尔霍夫解是两个瑞利-索末菲解的算术平均。还需指出，索末菲构造格林函数的对称性要求，决定了衍射屏必须是平面的，而基尔霍夫理论中并没有这一要求，从这种意义上来说基尔霍夫理论比瑞利-索末菲理论更普遍。不过，很多问题包含的都是平面衍射孔径，选用第一种瑞利-索末菲解更为简单。

基尔霍夫理论和瑞利-索末菲理论得出的衍射公式可以写成统一的格式。在球面波照明情况下，衍射公式写成：

$$U(P_0) = -\frac{A}{\mathrm{i}\lambda} \iint\limits_{\Sigma} \frac{\exp(\mathrm{i}kr_{21} + \mathrm{i}kr_{01})}{r_{21}r_{01}} K \mathrm{d}s \tag{2-9}$$

其中，Σ 表示孔径范围；K 表示倾斜因子：

$$K = \begin{cases} [\cos(n, r_{01}) - \cos(n, r_{21})]/2, & \text{基尔霍夫解} \\ \cos(n, r_{01}), & \text{第一种瑞利-索末菲解} \\ -\cos(n, r_{21}), & \text{第二种瑞利-索末菲解} \end{cases} \tag{2-10}$$

对于无限远处的点光源产生的正入射平面波照明情况，倾斜因子变成

$$K = \begin{cases} (1 + \cos\theta)/2, & \text{基尔霍夫解} \\ \cos\theta, & \text{第一种瑞利-索末菲解} \\ 1, & \text{第二种瑞利-索末菲解} \end{cases} \tag{2-11}$$

其中，θ 表示 n 和 r_{01} 之间的夹角。这些衍射公式将是本书全息理论的主要根据。

2.1.4　衍射的角谱理论

如果知道一个平面上光的复振幅分布，计算沿光传播方向上距离该平面距离为 z 的平行平面上的复振幅分布具有非常重要的意义。假设在 $z = 0$ 平面上的复振幅为 $U(x, y; 0)$，传播距离 z 后的复振幅为 $U(x, y; z)$。对它们做二维傅里叶变换：

$$\tilde{U}(f_x, f_y; 0) = \iint\limits_{\infty} U(x, y; 0) \exp\left[-\mathrm{i}2\pi(f_x x + f_y y)\right] \mathrm{d}x\mathrm{d}y \tag{2-12}$$

$$\tilde{U}(f_x, f_y; z) = \iint\limits_{\infty} U(x, y; z) \exp\left[-\mathrm{i}2\pi(f_x x + f_y y)\right] \mathrm{d}x\mathrm{d}y \tag{2-13}$$

而傅里叶逆变换为

$$U(x, y; 0) = \iint\limits_{\infty} \tilde{U}(f_x, f_y; 0) \exp\left[\mathrm{i}2\pi(f_x x + f_y y)\right] \mathrm{d}x\mathrm{d}y \tag{2-14}$$

$$U(x, y; z) = \iint\limits_{\infty} \tilde{U}(f_x, f_y; z) \exp\left[\mathrm{i}2\pi(f_x x + f_y y)\right] \mathrm{d}x\mathrm{d}y \tag{2-15}$$

如果知道 $\tilde{U}(f_x, f_y; 0)$ 与 $\tilde{U}(f_x, f_y; z)$ 之间的关系，则可以由 $U(x, y; 0)$ 求出 $U(x, y; z)$。由于在所有无源点上 U 均满足式 (2-6)，将式 (2-15) 代入其中可以得到其中一个基元解：

$$\tilde{U}(f_x, f_y; z) = \tilde{U}(f_x, f_y; 0) \exp\left[\mathrm{i}\frac{2\pi}{\lambda} z \sqrt{1 - (\lambda f_x)^2 - (\lambda f_y)^2}\right] \tag{2-16}$$

求解的过程可以参考文献[2]，此处不再赘述。这表明，光波沿着 z 方向传播在频域内的影响是将衍射屏幕上的频谱 $F(f_x, f_y; 0)$ 乘上一个与 z 有关的相位因子。因此光的传播可以看作一个线性空间不变系统的变换过程，该相位因子即为传播现象的传递函数，它直接隐含在波动方程的线性性质中。有关线性系统和传递函数的知识可参考文献[2]。

为了解释上述结论的物理意义，考虑一个沿波矢量 k 传播的平面波，其方向余弦为 (α, β, γ)。这个平面波表示为

$$P(x, y, z; t) = \exp\left[\mathrm{i}(k \cdot r - 2\pi\omega t)\right] \tag{2-17}$$

其中，$r = x e_i + y e_j + z e_k$，表示位置矢量（$e_i$，$e_j$，$e_k$ 代表三个方向上的单位矢量）。

$$k = \frac{2\pi}{\lambda}(\alpha e_i + \beta e_j + \gamma e_k) \tag{2-18}$$

忽略对时间的依赖关系，平面波的复振幅为

$$P(x, y, z) = \exp\left[\mathrm{i}k(\alpha x + \beta y + \gamma z)\right] \tag{2-19}$$

并且有 $\gamma = \sqrt{1 - \alpha^2 - \beta^2}$。现将式(2-14)写成

$$U(x, y; 0) = \iint_{\infty} \tilde{U}(f_x, f_y; 0) \exp\left[\mathrm{i}k(\lambda f_x x + \lambda f_y y)\right] \mathrm{d}x\mathrm{d}y \tag{2-20}$$

它可以看作振幅为 $\tilde{U}(f_x, f_y; z)\mathrm{d}x\mathrm{d}y$，方向余弦为

$$\alpha = \lambda f_x, \quad \beta = \lambda f_y, \quad \gamma = \sqrt{1 - (\lambda f_x)^2 - (\lambda f_y)^2} \tag{2-21}$$

的平面波的叠加。因此把 $\tilde{U}(f_x, f_y; 0)$ 称为光波场 $U(x, y; 0)$ 的角谱，通过角谱来描述光传播的理论称为衍射的角谱理论。

表示传播方向的方向余弦满足 $1 - \alpha^2 - \beta^2 > 0$，而当 $1 - \alpha^2 - \beta^2 < 0$ 时则不能直接用空间矢量的方向余弦来解释。这时 γ 是一个虚数，式(2-16)可以写成

$$\tilde{U}(f_x, f_y; z) = \tilde{U}(f_x, f_y; 0) \exp\left[-\mathrm{i}kz \sqrt{(\lambda f_x)^2 + (\lambda f_y)^2 - 1}\right] \tag{2-22}$$

这些波动分量不改变频谱的相位，其振幅因传播而按指数规律急剧衰减，只

存在于邻近衍射屏的一个非常薄的区域。这种波动分量称为倏逝波,它们并不能把能量从孔径带走,只有满足 $1-(\lambda f_x)^2-(\lambda f_y)^2<0$ 的波动分量才能到达观测屏。因此,光波在自由空间中的传播在频域中等效于通过一个半径为 $1/\lambda$ 的线性色散空间低通滤波器。系统的相位色散在空间频率越高时越大;当空间频率趋于零时,色散消失。

2.1.5　菲涅耳衍射

在衍射距离比较远时,可以通过简化前面的普遍适用的衍射公式来计算衍射图样。设平面 (ξ,η) 上的开孔被照明后光波沿着 Z 方向传播距离 z,到达平面 (x,y)。用式(2-9)表述,有

$$U(x,y;z)=\frac{1}{i\lambda}\iint_\infty U(\xi,\eta;0)\frac{\exp(ik\rho)}{\rho}Kd\xi d\eta \tag{2-23}$$

其中

$$\rho=\sqrt{(x-\xi)^2+(y-\eta)^2+z^2} \tag{2-24}$$

当发散光束较小且观测区域的宽度远小于光传播距离时,可采用如下近似:将 ρ 用泰勒级数展开(在形如 $\sqrt{1+x}$ 函数的 $x=0$ 处),有

$$\begin{aligned}\rho&=z\sqrt{1+\left(\frac{x-\xi}{z}\right)^2+\left(\frac{y-\eta}{z}\right)^2}\\&=z\left\{1+\frac{1}{2}\left[\left(\frac{x-\xi}{z}\right)^2+\left(\frac{y-\eta}{z}\right)^2\right]-\frac{1}{8}\left[\left(\frac{x-\xi}{z}\right)^2+\left(\frac{y-\eta}{z}\right)^2\right]^2+\cdots\right\}\end{aligned} \tag{2-25}$$

由于衍射计算沿光传播的影响进行,传播距离远大于孔径和观察屏的尺寸,倾斜因子 $K\approx1$。式(2-23)分母中的 ρ 用 z 替代,即只用展开式中的第一项。但是出现在相位中的 ρ 将乘上一个很大的数 k,需满足在近似之后 ρ 的变化远小于 λ (哪怕是几分之一弧度的相位变化也会使指数值变化许多),这时只取级数展开的第一项是不够精确的。如果保留第一、二两项,则观测平面上的复振幅分布重新写成

$$U(x,y;z)=\frac{\exp(ikz)}{i\lambda}\iint_\infty U(\xi,\eta;0)\exp\left\{\frac{ik}{2z}\left[(x-\xi)^2+(y-\eta)^2\right]\right\}d\xi d\eta \tag{2-26}$$

这就是菲涅耳衍射积分,早在麦克斯韦方程组建立之前,菲涅耳基于惠更斯

原理(即一个球面波的波前认为由许多次级球面叠加而成),将次级球面波用二次抛物面波代替得到了这个表达式。当菲涅耳近似成立时,就说观测屏在菲涅耳衍射区。

将因子 $\exp\left[ik(x^2+y^2)/(2z)\right]$ 提到积分号外面,可得积分的另一种形式:

$$
\begin{aligned}
U(x,y;z) = &\frac{\exp(\mathrm{i}kz)}{\mathrm{i}\lambda}\exp\left[\frac{\mathrm{i}k}{2z}(x^2+y^2)\right]\\
&\times \iint\limits_{\infty} U(\xi,\eta;0)\exp\left[\frac{\mathrm{i}k}{2z}(\xi^2+\eta^2)\right]\exp\left[-\mathrm{i}2\pi\left(\frac{x}{\lambda z}\xi+\frac{y}{\lambda z}\eta\right)\right]\mathrm{d}\xi\mathrm{d}\eta
\end{aligned}
\tag{2-27}
$$

可以看出,这是一个原复振幅分布与一个二次相位因子乘积的傅里叶变换,变换后的坐标取值为 $\left(f_x=\dfrac{x}{\lambda z},f_y=\dfrac{y}{\lambda z}\right)$。

同样地,对式(2-16)中的角谱传递函数

$$
H=\exp\left[\mathrm{i}kz\sqrt{1-(\lambda f_x)^2-(\lambda f_y)^2}\right]
\tag{2-28}
$$

中的开方部分进行泰勒级数展开,取前两项,可得传递函数的菲涅耳近似:

$$
H\approx\exp\left[\mathrm{i}kz\left(1-\frac{\lambda^2 f_x^2}{2}-\frac{\lambda^2 f_y^2}{2}\right)\right]
\tag{2-29}
$$

可以证明,将这个近似代入式(2-16)和式(2-14)将得到式(2-26),说明角谱理论的菲涅耳近似和基尔霍夫衍射及瑞利-索末菲衍射的菲涅耳近似具有相同的形式,详见文献[3]第二章的讨论。

2.1.6　夫琅禾费衍射

在菲涅耳近似的基础上,若再满足一个要求更高的近似条件:

$$
z\gg\frac{k(\xi^2+\eta^2)_{\max}}{2}
\tag{2-30}
$$

则式(2-27)积分号中的二次因子项在整个孔径上近似为1,衍射场就可从孔径上的场分布本身的傅里叶变换求出。这个近似条件称为夫琅禾费衍射近似。在夫琅禾费衍射区内(夫琅禾费衍射近似成立):

$$
\sin\theta=\frac{\lambda}{\Lambda}
\tag{2-31}
$$

夫琅禾费衍射近似成立的条件是相当苛刻的。但是，在一些应用中，若用一个向观察方向距离孔径 d' 会聚的球面波照明，即孔径上的光场变为

$$U'(\xi,\eta;0) = U(\xi,\eta;0)\frac{\exp(-\mathrm{i}kz')}{-\mathrm{i}\lambda z'}\exp\left[-\frac{\mathrm{i}k}{2z'}(\xi^2+\eta^2)\right] \tag{2-32}$$

注意，这个公式已经采用了菲涅耳近似。代入式 (2-27)，并忽略常数相位因子得到

$$\begin{aligned}
U(x,y;z) &= \exp\left[\frac{\mathrm{i}k}{2z}(x^2+y^2)\right] \\
&\times \iint_\infty U(\xi,\eta;0)\exp\left[\frac{\mathrm{i}k}{2z''}(\xi^2+\eta^2)\right]\exp\left[-\mathrm{i}2\pi\left(\frac{x}{\lambda z}\xi+\frac{y}{\lambda z}\eta\right)\right]\mathrm{d}\xi\mathrm{d}\eta
\end{aligned} \tag{2-33}$$

其中，$z'' = zz'/(z-z')$。不难看出，当 $z' \to z$ 时，$z'' \to \infty$，夫琅禾费衍射近似条件很容易满足。由于实际应用中凸透镜的会聚作用实际上产生会聚球面波，并且其是光学系统中常用的元件，夫琅禾费衍射在许多情况下有非常重要的应用。

2.2 光 的 干 涉

波的另一个特性是干涉：两束波长相同、具有恒定相位差的光在空间中相遇时，以振幅叠加的形式得到一个"合成"波，由于增强和抵消作用，增强的区域振幅增大，抵消的区域振幅减小。两束光干涉则出现明暗相间的条纹。而很多时候，很难保证两束光的波长完全相同，同时两束光之间的相位也不是恒定的，光是以强度叠加的形式得到一个总光强，如两个灯泡放在一起则不会出现明暗条纹。形成明暗条纹的能力称为相干性。假设有两个光波场：

$$U_1(x,y,z) = A_1\exp(\mathrm{i}\varphi_1) \tag{2-34}$$

$$U_2(x,y,z) = A_2\exp(\mathrm{i}\varphi_2) \tag{2-35}$$

叠加的场为 $U = U_1 + U_2$。定义强度为 $I = |U|^2 = A^2$，得到

$$I = I_1 + I_2 + 2\sqrt{I_1 I_2}\cos(\Delta\varphi) \tag{2-36}$$

其中，I_1 和 I_2 分别表示两个光波场各自的强度；$\Delta\varphi = \varphi_1 - \varphi_2$，表示两束波的相位差。$\cos\Delta\varphi$ 的值在 -1 与 1 之间的周期性变化导致干涉条纹的形成。条纹在 $\Delta\varphi = 2m\pi$（$m=0,1,2,\cdots$）处达到极大值，在 $\Delta\varphi = (2m+1)\pi$（$m=0,1,2,\cdots$）处达到极小值。

2.2.1　时间相干性

历史上曾为光是波还是粒子有过激烈的争论，相干性的发现是支持波动说的重要依据（后来证明光具有波粒二象性）。迈克耳孙用如图 2-3 所示的光路研究了光的干涉。从光源出发的光线经分光镜分成两束，其中一束经反射镜 1 反射后到达观测屏；另一束经反射镜 2 反射后到达观测屏，与第一束光干涉。通常两束光并不完全平行，而是有一微小的角度，以便条纹的呈现。两束光到达观测屏的光程差为 $L_1 - L_2$。实验表明，当 $L_1 - L_2$ 不超过某个临界长度 ΔL 时，可以观察到干涉条纹，而当它超过这个临界长度时，条纹消失，形成一片均匀的亮斑。这一现象的解释是，不同光源产生的光波相位随时间有随机性。光源中的微观粒子辐射光子时产生一个个具有有限长度的波列，这些波列内部的相位恒定，不同的波列之间不满足相干条件。因此迈克耳孙干涉的临界长度（称为相干长度）实际上是这些波列的长度。

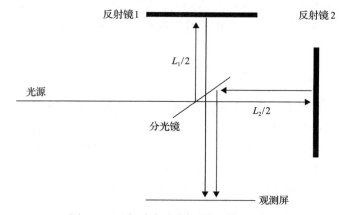

图 2-3　迈克耳孙干涉仪测量时间相干度

每一个波列发射的时间称为干涉时间：

$$\tau = \frac{\Delta L}{c} \tag{2-37}$$

通过傅里叶分析，ΔL 对应一个频域宽度 Δf，它们之间的关系是

$$\Delta L = \frac{c}{\Delta f} \tag{2-38}$$

因此，相干长度实际上是光在某一频率 f 的宽度 Δf 的表征，相干长度越大代表光的单色性越高。普通灯泡这样的光源相干长度为数微米，而激光的相干长度

可达数毫米到上千米，这就是不容易看到普通光源干涉现象，而很容易看到激光干涉现象的原因。定义条纹的可见度（显示对比度）为

$$V = \frac{I_{\max} - I_{\min}}{I_{\max} + I_{\min}} \qquad (2\text{-}39)$$

其中，$I_{\max}$ 和 $I_{\min}$ 分别表示条纹相邻明区与暗区的极大值和极小值。在理想情况下（假设相干长度为无限长）有

$$V = \frac{2\sqrt{I_1 I_2}}{I_1 + I_2} \qquad (2\text{-}40)$$

考虑到有限相干长度的影响，引入自相关函数：

$$\Gamma(\tau) = \lim_{T \to \infty} \frac{1}{2T} \int_{-T}^{T} E(t+\tau) E^*(t) \mathrm{d}t \qquad (2\text{-}41)$$

其中，$E(t)$ 和 $E(t+\tau)$ 分别表示两束相干光波的电场复振幅，该式代表电场振幅的时间互相关。以其归一化值表示相干度：

$$\zeta(\tau) = \frac{\Gamma(\tau)}{\Gamma(0)} \qquad (2\text{-}42)$$

则实际的干涉图强度为

$$I = I_1 + I_2 + 2\sqrt{I_1 I_2}\,|\zeta|\cos(\Delta\varphi) \qquad (2\text{-}43)$$

$|\zeta| = 1$ 是理想的完全相干情况，$|\zeta| = 0$ 则是完全不相干，$0 < |\zeta| < 1$ 为部分相干。

2.2.2　空间相干性

空间相干性描述同一光波场不同部分的相干性，杨氏干涉可用来测量这一性质。如图 2-4 所示，光波从一个有限大小的光源出发照射屏幕上的两个小孔 S_1 和 S_2，这样从两个小孔发出的次级球面波就可能在观测屏上形成干涉。光源的高度为 h，两个小孔间的距离为 a，光源到小孔所在屏幕（衍射屏）的距离为 R_1，衍射屏到观测屏的距离为 R_2。首先考虑光源中心位置发出的光经两个小孔后在观测屏上一点 $P(x, y)$ 的光的复振幅，可以计算 OS_1P 和 OS_2P 代表的光程分别为

$$OS_1P = \sqrt{R_1^2 + x_0^2 + \left(y_0 - \frac{a}{2}\right)^2} + \sqrt{R_2^2 + x^2 + \left(y - \frac{a}{2}\right)^2} \qquad (2\text{-}44)$$

$$OS_2P = \sqrt{R_1^2 + x_0^2 + \left(y_0 + \frac{a}{2}\right)^2} + \sqrt{R_2^2 + x^2 + \left(y + \frac{a}{2}\right)^2} \tag{2-45}$$

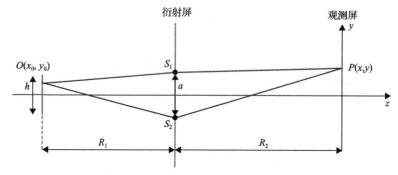

图 2-4 杨氏干涉测试空间相干性

式(2-44)和式(2-45)右边第一项相减得到从光源上的点 O 出发到两个小孔的光程差为

$$\Delta s_1 = \frac{2y_0 a}{OS_1 + OS_2} \tag{2-46}$$

考虑 x_0, y_0, a 远小于 R_1（实际上，只有这样才会有明显的干涉条纹），得到

$$\Delta s_1 \approx \frac{y_0 a}{R_1} \tag{2-47}$$

同样地，从小孔衍射的光到达 P 点的光程差为

$$\Delta s_2 \approx \frac{ya}{R_2} \tag{2-48}$$

这样，从单一点光源 O 出发的光线在观测屏上形成的干涉条纹，在满足条件 $\Delta s_1 + \Delta s_2 = m\lambda(m = 0,1,2,\cdots)$ 处干涉强度为极大，而在满足条件 $\Delta s_1 + \Delta s_2 = m(\lambda + \lambda/2)(m = 0,1,2,\cdots)$ 处干涉强度为极小。即在观测屏上

$$y = \frac{R_2(R_1 m\lambda - y_0 a)}{R_1 a} \tag{2-49}$$

处强度为极大，

$$y = \frac{R_2\left[2R_1(m+1)\lambda - 2y_0 a\right]}{2R_1 a} \tag{2-50}$$

处强度为极小。这样，在观测屏坐标原点周围的干涉图样为明暗相间的条纹，条

纹具有相等的间距 $R_2\lambda/a$。

　　实验发现随着小孔间距离 a 的增大，观测屏上的干涉条纹将消失，原因是从光源的不同部分发出的光的干涉条纹互相再次叠加、抵消，以至于观测屏上的强度分布趋于均匀。为了避免这个抵消作用，需满足的条件是 $ah<\lambda R_1$[4]。由此可见，空间相干性同时取决于光源和干涉仪的几何尺寸。

　　如果在式 (2-37) 中考虑空间相干性的影响，该函数扩展为

$$\Gamma(r_1,r_2,\tau)=\lim_{T\to\infty}\frac{1}{2T}\int_{-T}^{T}E\int(r_1,t+\tau)E^*(r_2,t)\mathrm{d}t \tag{2-51}$$

其中，r_1 和 r_2 分别表示杨氏干涉仪中从光源出发到两个小孔的空间矢量。该函数写成归一化形式为

$$\zeta(r_1,r_2,\tau)=\frac{\Gamma(r_1,r_2,\tau)}{\sqrt{\Gamma(r_1,r_1,0)\Gamma(r_2,r_2,0)}} \tag{2-52}$$

其中，$\Gamma(r_1,r_1,0)$ 和 $\Gamma(r_2,r_2,0)$ 分别表示在 r_1 和 r_2 处的强度。式 (2-52) 描述了在 r_1 处、t 时刻的光波场和在 r_2 处、$t+\tau$ 时刻的光波场的相关度。$|\zeta(r_1,r_2,\tau)|$ 可由杨氏干涉仪测定。

　　在全息图的形成和记录过程中，光的相干度直接影响全息图的质量。

2.2.3　干涉条纹间距

　　干涉条纹间距将影响对条纹的观察。根据采样定理，当条纹间距小于像素尺寸的 2 倍时，干涉条纹就无法被有效记录。在 2.2.2 节中推导出了杨氏干涉仪中的条纹间距，现在来考虑更一般的情况：两束平面波以一定角度入射到同一平面上形成的干涉条纹间距。如图 2-5 所示，W_1 和 W_2 两束波长为 λ 的平行光分别以入射角 θ_1 和 θ_2 入射至平面(注意两束光从法线两侧入射)，P_1 和 P_2 是沿条纹垂直方向上相邻极大点，并记条纹间距 $P_1P_2=l$。从图中可以看出，W_1 传播过程中，P_2 点比 P_1 点落后 $l_1=l\sin\theta_1$；W_2 传播过程中，P_2 点比 P_1 点提前 $l_2=l\sin\theta_2$，因此有

$$l\sin\theta_1+l\sin\theta_2=\lambda \tag{2-53}$$

　　条纹间距为

$$l=\frac{\lambda}{\sin\theta_1+\sin\theta_2} \tag{2-54}$$

　　特别地，如果其中一束光垂直入射至平面，则条纹间距为

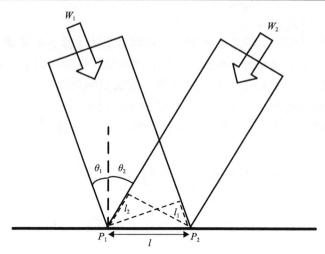

图 2-5　平面波干涉条纹间距

$$l = \frac{\lambda}{\sin\theta} \tag{2-55}$$

其中，θ 表示倾斜入射光的入射角。

2.3　全息的光学原理

　　1948 年，Gabor 发现，一个被物体衍射或散射的光波 (称作物光) 可以在一束相干的参考光的存在下，以干涉条纹的形式记录它的振幅和相位信息[5]。通过相同的参考光照射，可以重建出物光的波前 (图 2-6)。这种两步成像的技术称为全息术，被记录的干涉条纹图称作全息图。相比于只能记录物体强度的普通成像，通过全息术得到的是物体的三维信息，全息是光学成像历史上的重要发明，Gabor 也因此获得了 1971 年诺贝尔物理学奖。

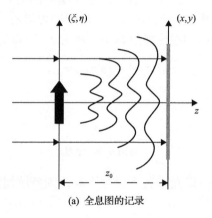

(a) 全息图的记录

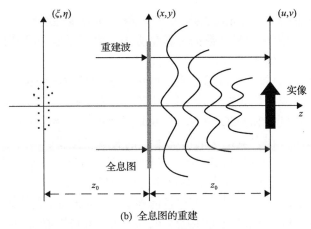

(b) 全息图的重建

图 2-6　全息图的记录和重建

全息的基本问题是如何记录和重建物体。假设在记录平面上的物光分布为 O，参考光为 R，在记录介质上的干涉条纹强度为

$$I_{\mathrm{H}} = |O + R|^2 = I_{\mathrm{O}} + I_{\mathrm{R}} + OR^* + O^*R \tag{2-56}$$

其中，I 表示强度；下标 H、O、R 分别表示全息图、物光、参考光；上标*表示共轭参考光和物光。实际的记录介质在一定范围内可将入射强度线性地转换为材料的透射或反射振幅。为了方便，后面的分析中假设，记录介质直接得到干涉条纹强度。只要在线性范围内，这个假设不影响分析的结果。如果用参考光照射全息图，可以得到光场：

$$RI_{\mathrm{H}} = |O + R|^2 = I_{\mathrm{O}}R + I_{\mathrm{R}}R + I_{\mathrm{R}}O + R^2O^* \tag{2-57}$$

第一项和第二项是放大 I_{O} 倍和 I_{R} 倍的参考光，这意味着参考光直接透过全息图未经衍射的部分，受到物光和参考光的强度调制；第三项是放大 I_{R} 倍的物光复振幅，正是所需要的重建的物光波前，仅相差一个常数因子；第四项是畸变的物光共轭项，导致畸变的是 R^2 这个随空间变化的复数因子。但是前两项(直流项)和第四项(共轭项)始终伴随着重建物光的存在，成为物体波前重建的干扰，需要通过一些手段来消除或减弱。

得到全息平面上的物光后，可以在迎着原物光传播的方向看到物体的虚像(由第三项形成)，也可以在重建后的物光光路上放置成像透镜，在像平面的屏幕上得到畸变物体的实像(由第四项形成)。在传统的全息中，全息图由照相底板记录，用光学方法重建波前；在数字全息中，全息图由数字相机(CCD 或 CMOS)记录，在计算机中数字化重建波前，并可以利用 2.1 节中的衍射公式模拟光的传播得到实像(或者虚像)。相比于传统全息，数字全息有如下优点。

(1)记录更加方便、快捷；由于数字相机光灵敏度更高，需要的曝光时间更短，而无须在暗室中进行。数字相机的记录结果随光强的线性度更好。

（2）存储、复制更加容易，数据不容易丢失。由于重建由计算机完成，无须再搭建光路，可在任意地方进行。

（3）数值重建可直接得到相位信息，虽然传统全息中波前也得以重建，但是相位并不能直接观察或者用相机记录，而需要再用相干技术来显示。

（4）记录数字全息图的 CCD/CMOS 可重复使用，而传统全息中的照相底板只能使用一次。因此，在大量记录的情况下，前者成本更低。

（5）计算全息（CGH）也是数字全息的一个分支，通过计算机模拟一个实际不存在的物体的全息图，在虚拟现实中有重要应用价值。

目前数字全息的主要缺点是分辨率较低和感光区域较小。传统记录介质（文献[1] 9.8 节详细介绍了几种记录介质的特点）分辨率在 2000 线对/mm 以上（相当于像素尺寸在 0.5μm 以下），工业数字相机的分辨率在 200 线对/mm 数量级（像素尺寸为 5μm 数量级），后者的分辨率不到前者的 1/10；数字相机芯片的感光面积在 1cm×1cm 数量级，全息干板则可以制造得大得多。

2.3.1　同轴全息

通过对式（2-57）的分析得到结论：除了第三项包含代表重建的物光波前，其余三项都称为背景噪声。Gabor 在提出全息技术的时候（采用图 2-6 所示的光路布置）就面临这样的问题。这种布置现在也称为 Gabor 全息，它是一种同轴式的结构，即物光和参考光以相同的传播方向到达（一般垂直射向）全息记录面。在 Gabor 全息中，以一束平面波照射物体，物体由一个位于 (ξ, η) 平面，大部分透明的屏幕和少量不完全透明部分组成。入射的平面波一部分经不透明部分衍射，形成物光；大部分未经干扰的直透光作为参考光。物光和参考光传播距离 z 后，被记录在平面 (x, y) 上干涉形成全息图。对于平面参考光，在与传播方向垂直的平面上，各处的振幅和相位都相同，不妨假设其振幅为 1，相位为 0（参考光振幅设为 1 是为了让后面的结果更为简明，相当于对实际情况中的物光和参考光振幅作了归一化处理，并不影响分析）。因此有 $R(x, y) = 1$，代入式（2-57）得到

$$RI_H = 1 + |O(x, y; z)|^2 + O(x, y; z) + O^*(x, y; z) \tag{2-58}$$

其中，第三项是由物体复振幅 $U_O(\xi, \eta; 0)$ 传播距离 z 后得到的场，在物体原来的位置存在一个虚像，仿佛物体仍然在那里，可从迎着传播的方向观察到。根据式（2-26）可知，第四项是由物体复振幅的共轭 $U_O^*(\xi, \eta; 0)$ 传播距离 $-z$（或反向传播 z）后得到的场，因此在全息图沿着传播方向距离 z 的 (u, v) 平面上可得到一个实像，该实像的复振幅是 $O^*(\xi, \eta; 0)$。实像和虚像是一对孪生像。由于物体是近似透明的，$|O(x, y; z)| \ll 1$，这样第二项可以忽略；第一项相当于一个平面波背景。在 (ξ, η) 平面上，存在虚像、平面波背景及 $O^*(\xi, \eta; 0)$ 传播 $-2z$ 的离焦像三者的干涉

图样；在 (u,v) 平面上，存在实像、平面波背景及 $O(\xi,\eta;0)$ 传播 $2z$ 的离焦像三者的干涉图样。当 z 较大时，离焦的孪生像的干扰也可以忽略。这种孪生像中心都在光轴中心的全息结构称作同轴全息。

Gabor 全息的优点是光路布置简单，其缺点是重建的物像必然会被直流项和孪生像干扰，尤其是当物体的透明度较低、全息图的记录距离较短时，这两者的影响会增大。这种方法也不适用于类似不透明屏幕上的小孔这样的物体，因为这时只有物光（小孔的衍射光），而不存在参考光。正因如此，全息术由 Gabor 发明后并没有马上得到广泛的应用。

2.3.2 离轴全息

1962 年，Leith 和 Upatnieks[6]改进了 Gabor 全息的装置，采用如图 2-7 所示的离轴全息光路布置，解决了孪生像互相重叠的问题。在这种离轴全息结构中，物光仍是垂直平面波照射物体的透射光；参考光部分经一个棱镜折射，变成一束有一定角度 θ 入射至记录平面的平面波。此时参考光写成

$$R(x,y) = \exp(-iky\sin\theta) \tag{2-59}$$

代入式 (2-56)，全息图的强度分布为

$$I_{\mathrm{H}} = 1 + I_{\mathrm{O}}(x,y) + O(x,y,z)\exp(iky\sin\theta) + O(x,y,z)^*\exp(-iky\sin\theta) \tag{2-60}$$

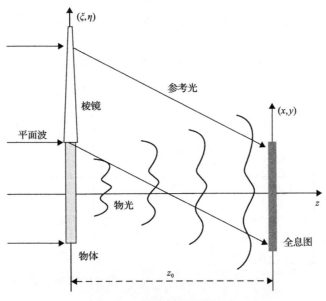

图 2-7　离轴全息图的记录

可以用原参考光照射全息图来重建衍射光，也可以用其他入射角度的平面波

重建（如垂直入射）。重建可得四项衍射光。

1. 原参考光重建

第一项衍射光：

$$U_1 = \exp(-iky\sin\theta) \tag{2-61}$$

即为原参考光。

第二项衍射光：

$$U_2 = I_O(x, y)\exp(-iky\sin\theta) \tag{2-62}$$

是一束经过物光 $O(x, y)$ 调制的沿重建光方向传播的光波，由于振幅分布是空间坐标的函数，具有一定范围的空间频谱，频谱的宽度决定了波在空间尺度的发散程度，其特征将在后续像的分离中讨论。

以上两束衍射光的传播方向相同，合称为零级衍射光。

第三项衍射光：

$$U_3 = O(x, y, z) \tag{2-63}$$

为原物光在全息平面上的复振幅分布，通常称为+1 级衍射光。

第四项衍射光：

$$U_4 = O^*(x, y, z)\exp(-iky2\sin\theta) \tag{2-64}$$

是沿着与光轴 $\arcsin(2\sin\theta)$ 夹角的方向传播并将会聚成物体实像的光波。通常称为−1 级衍射光。

+1 级衍射光和−1 级衍射光分别位于零级衍射光的两侧，见图 2-8（a）。

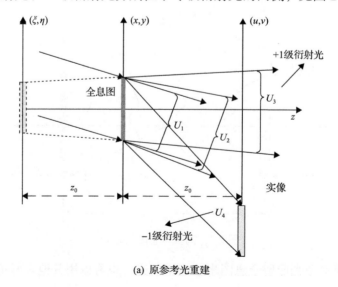

(a) 原参考光重建

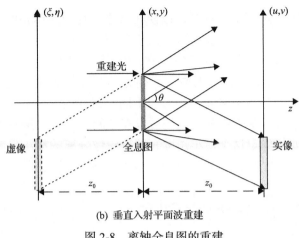

(b) 垂直入射平面波重建

图 2-8　离轴全息图的重建

2. 其他角度的平面波重建

如果采用一个入射角度为 θ' 的平面波 $R(x,y) = \exp(-iky\sin\theta')$ 对全息图进行重建，则四项衍射光如下：

第一项衍射光：

$$U_1 = \exp(-iky\sin\theta') \tag{2-65}$$

第二项衍射光：

$$U_2 = I_O(x,y)\exp(-iky\sin\theta') \tag{2-66}$$

第三项衍射光：

$$U_3 = O(x,y,z)\exp\left[-iky(\sin\theta' - \sin\theta)\right] \tag{2-67}$$

第四项衍射光：

$$U_4 = O^*(x,y,z)\exp\left[-iky(\sin\theta' + \sin\theta)\right] \tag{2-68}$$

第一、二两项为衍射参考光方向传播的零级衍射光，第三项是从虚像出发沿着与光轴夹角为 $\arcsin(\sin\theta' - \sin\theta)$ 方向传播的 +1 级衍射光，第四项是沿着与光轴夹角为 $\arcsin(\sin\theta' + \sin\theta)$ 方向传播并会聚成实像的 –1 级衍射光。值得注意的是，虚像与原物体的复振幅 $O(\xi,\eta;0)$ 相比，相差一个平面波相位因子 $\exp[-iky(\sin\theta' - \sin\theta)]$，实像与原物体的共轭复振幅 $O^*(\xi,\eta;0)$ 相比，相差一个平面波相位因子 $\exp[-iky(\sin\theta' + \sin\theta)]$。这两个相位因子并不影响重建像的强度，但在某些重建相位的应用中，必须考虑它们的影响[7, 8]。这也是为什么重建物体的相位分布时知道参考光精确的倾斜角度十分重要，以便在重建过程中使用相同的参考光来消除这种相位误差。

当重建光为垂直入射的平面波时，$\theta' = 0$。零级衍射光沿着光轴方向传播，+1 级和–1 级衍射光分布在光轴两侧，转播方向与光轴夹角都为 θ [图 2-8(b)]。

由于离轴全息的各项衍射光传播方向不同，只要当参考光的倾斜角度 θ 大于某一最小角度 $\theta_{\min}$ 时，孪生像和直流项可以在空间上分开，解决了 Gabor 全息的缺点。下面讨论如何确定这个最小角度，即重建像分离的最小参考角。

根据式 (2-12)，对光场 $U(x,y)\exp(iky\sin\theta)$ 做傅里叶变换：

$$\mathcal{F}\big[U(x,y)\big] = \iint_{\infty} U(x,y)\exp\left\{-i2\pi\left[f_x x + \left(f_y - \frac{\sin\theta}{\lambda}\right)y\right]\right\}\mathrm{d}x\mathrm{d}y \tag{2-69}$$

其中，$\mathcal{F}[\ ]$ 表示二维傅里叶变换。可以发现相位因子 $\exp(iky\sin\theta)$ 对光场频谱的作用相当于将频谱中心从 $(0,0)$ 平移到 $(0,\sin\theta/\lambda)$。这就是傅里叶变换的频移特性。对重建的衍射光做傅里叶变换，得到各项的频谱 (用垂直平面波照射，相当于全息图透射率中的各项衍射光) 分别为

$$\tilde{U}_1(f_x,f_y) = \mathcal{F}\big[U_1(x,y)\big] = \delta(f_x,f_y) \tag{2-70}$$

$$\tilde{U}_2(f_x,f_y) = \mathcal{F}\big[U_2(x,y)\big] = \tilde{U}_\mathrm{O}(f_x,f_y) * \tilde{U}_\mathrm{O}^*(f_x,f_y) \tag{2-71}$$

$$\tilde{U}_3(f_x,f_y) = \mathcal{F}\big[U_3(x,y)\big] = \tilde{U}_\mathrm{O}\left(f_x, f_y - \frac{\sin\theta}{\lambda}\right) \tag{2-72}$$

$$\tilde{U}_4(f_x,f_y) = \mathcal{F}\big[U_4(x,y)\big] = \tilde{U}_\mathrm{O}^*\left(-f_x, -f_y - \frac{\sin\theta}{\lambda}\right) \tag{2-73}$$

其中，$\tilde{U}_\mathrm{O}$ 和 $\tilde{U}_\mathrm{O}^*$ 分别表示物光及其共轭项的傅里叶变换；"*" 表示相关运算符号。角谱的传递函数 $\exp\left[ikz\sqrt{1-(\lambda f_x)^2-(\lambda f_y)^2}\right]$ 是一个纯相位因子，不改变物光频谱的带宽。因此，$\tilde{U}_\mathrm{O}(x,y;z)$ 的带宽和物平面上物光频谱 $\tilde{U}_\mathrm{O}(\xi,\eta;0)$ 的带宽相同。假设 $\tilde{U}_\mathrm{O}(\xi,\eta;0)$ 在 f_y 方向的最高频率为 $f_{y\max}$ (意味着 $-f_{y\max} < f_y < f_{y\max}$)，可知+1 级衍射光的频率范围为 $(-f_{y\max}+\sin\theta/\lambda, f_{y\max}+\sin\theta/\lambda)$，–1 级衍射光的频率范围为 $(-f_{y\max}-\sin\theta/\lambda, f_{y\max}-\sin\theta/\lambda)$，零级衍射光中 $\tilde{U}_1(x,y)$ 是在频谱中心的脉冲函数，没有数学意义上的宽度；零级衍射光中 $\tilde{U}_2(x,y)$ 是由宽度 $\tilde{U}_\mathrm{O}(x,y) \star \tilde{U}_\mathrm{O}^*(x,y)$ 决定的，根据自相关定理，它的范围是 $(-2f_{y\max}, 2f_{y\max})$。图 2-9 表明了以上关系。很显然，衍射光彼此能分开的条件是 $\sin\theta/\lambda \geqslant 3f_{y\max}$，据此得到重

建像分离的最小角度为

$$\theta_{\min} = 3\lambda f_{y\,\max} \tag{2-74}$$

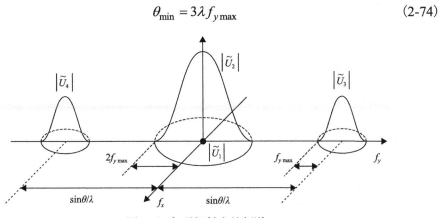

图 2-9　各项衍射光的频谱

一个实际的物体，它可以具有无限小的细节(相比于光学分辨率)，$f_{y\,\max}$ 可以看起来非常大。但是在记录全息图的过程中，到达记录介质感光区域内的最高频率却是受感光区域的面积和记录距离限制的。从角谱理论可知，频率对应着方向余弦。设全息图的尺寸为 W_{H}，物体的尺寸为 W_{O}，容易得到

$$f_{y\,\max} = \frac{W_{\mathrm{H}} + W_{\mathrm{O}}}{2\lambda\sqrt{z^2 + \left(\dfrac{W_{\mathrm{H}} + W_{\mathrm{O}}}{2}\right)^2}} \tag{2-75}$$

当传播距离远大于全息图和物体的尺寸时，有如下近似：

$$f_{y\,\max} = \frac{W_{\mathrm{H}} + W_{\mathrm{O}}}{2\lambda z} \tag{2-76}$$

这个推导过程还包含了一个隐含的假设：记录介质有足够高的分辨率，使得到达全息图的最高角谱频率所对应的干涉条纹能够被有效地采样。而数字相机的分辨率较低，因此在数字全息中考虑重建像分离的时候，还需考虑采样问题。本书在后面关于数字全息的章节再讨论。

上述讨论中，选择的是在 y 方向倾斜的参考光记录的离轴全息图，其分析方法对 x 方向存在倾斜的参考光同样适用，当然只要在 x 或 y 方向其中之一满足像分离的条件即可得到无干扰的重建像。

2.3.3　球面波全息

为了重建的方便，对参考光的要求是可简化的、可复现的。除了使用平面波

作为参考光之外，实际情况下，由点光源发出的球面波也常被用作参考光和重建光，如图 2-10 所示。

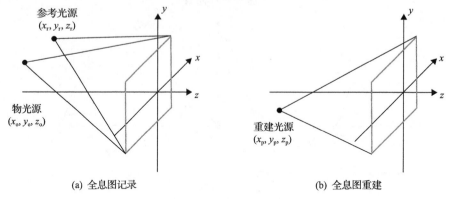

(a) 全息图记录   (b) 全息图重建

图 2-10 球面波全息

假设物体是振幅为 A_O，位于 (x_o, y_o, z_o) 的点光源，参考光是振幅为 A_R，来自 (x_r, y_r, z_r) 处点光源的发散球面波。物光和参考光的波长为 λ_1。在图中，z_o 和 z_r 是负数，因此发散球面的相位因子中带有一个负号。在菲涅耳近似条件下，全息图强度分布为

$$
\begin{aligned}
I_H = A_O^2 + A_R^2 & \\
+ A_O A_R \exp & \left\{ -\frac{i\pi}{\lambda_1 z_o} \left[(x - x_o)^2 + (y - y_o)^2 \right] + \frac{i\pi}{\lambda_1 z_r} \left[(x - x_r)^2 + (y - y_r)^2 \right] \right\} \\
+ A_O A_R \exp & \left\{ \frac{i\pi}{\lambda_1 z_o} \left[(x - x_o)^2 + (y - y_o)^2 \right] - \frac{i\pi}{\lambda_1 z_r} \left[(x - x_r)^2 + (y - y_r)^2 \right] \right\}
\end{aligned} \tag{2-77}
$$

用点光源 (x_p, y_p, z_p) 发出的波长为 λ_2 的球面波重建全息图，它的菲涅耳近似为

$$
U_p = A_p \exp \left\{ -\frac{i\pi}{\lambda_2 z_p} \left[(x - x_p)^2 + (y - y_p)^2 \right] \right\} \tag{2-78}
$$

其中，A_p 表示参考光的振幅。考虑重建的第三项和第四项衍射光 (因为它们形成虚像和实像)，以第三项为例，它的波前在紧靠全息图后的复振幅分布为

$$
\begin{aligned}
U_3(x, y) = A_p A_O A_R \exp & \left\{ -\frac{i\pi}{\lambda_1 z_o} \left[(x - x_o)^2 + (y - y_o)^2 \right] \right. \\
& \left. + \frac{i\pi}{\lambda_1 z_r} \left[(x - x_r)^2 + (y - y_r)^2 \right] - \frac{i\pi}{\lambda_2 z_p} \left[(x - x_p)^2 + (y - y_p)^2 \right] \right\}
\end{aligned} \tag{2-79}
$$

成像的条件是 $U_3(x,y)$ 是从虚像光源 (x_i, y_i, z_i) 发出的发散球面波，具有如下形式：

$$U_3(x,y) = A_K \exp\left\{-\frac{\mathrm{j}\pi}{\lambda_2 z_i}\Big[(x-x_i)^2 + (y-y_i)^2\Big]\right\} \qquad (2\text{-}80)$$

其中，A_K 表示一个复振幅，可以认为是由物光、参考光和重建光位置和振幅决定的相位延迟因子和振幅调制因子。很显然，A_K 中不包括位置变量 x 和 y，这一点可以通过二次配方保证实现。由于式 (2-79) 和式 (2-80) 中 x 和 y 的二次项系数相等，可得 z_i：

$$-\frac{\mathrm{i}\pi}{\lambda_1 z_\mathrm{o}} + \frac{\mathrm{i}\pi}{\lambda_1 z_\mathrm{r}} - \frac{\mathrm{i}\pi}{\lambda_2 z_\mathrm{p}} = -\frac{\mathrm{i}\pi}{\lambda_2 z_i} \qquad (2\text{-}81)$$

由此得到

$$z_i = \left(\frac{1}{z_\mathrm{p}} + \frac{\lambda_2}{\lambda_1 z_\mathrm{o}} - \frac{\lambda_2}{\lambda_1 z_\mathrm{r}}\right)^{-1} \qquad (2\text{-}82)$$

由于式 (2-79) 和式 (2-80) 中 x 和 y 的一次项也相同，有如下关于 x_i 和 y_i 的关系式：

$$\begin{aligned}
\frac{2\mathrm{i}\pi}{\lambda_1 z_\mathrm{o}} x_\mathrm{o} - \frac{2\mathrm{i}\pi}{\lambda_1 z_\mathrm{r}} x_\mathrm{r} + \frac{2\mathrm{i}\pi}{\lambda_2 z_\mathrm{p}} x_\mathrm{p} &= \frac{2\mathrm{i}\pi}{\lambda_2 z_i} x_i \\
\frac{2\mathrm{i}\pi}{\lambda_1 z_\mathrm{o}} y_\mathrm{o} - \frac{2\mathrm{i}\pi}{\lambda_1 z_\mathrm{r}} y_\mathrm{r} + \frac{2\mathrm{i}\pi}{\lambda_2 z_\mathrm{p}} y_\mathrm{p} &= \frac{2\mathrm{i}\pi}{\lambda_2 z_i} y_i
\end{aligned} \qquad (2\text{-}83)$$

得到

$$\begin{aligned}
x_i &= \frac{z_i}{z_\mathrm{p}} x_\mathrm{p} + \frac{\lambda_2 z_i}{\lambda_1 z_\mathrm{o}} x_\mathrm{o} - \frac{\lambda_2 z_i}{\lambda_1 z_\mathrm{r}} x_\mathrm{r} \\
y_i &= \frac{z_i}{z_\mathrm{p}} y_\mathrm{p} + \frac{\lambda_2 z_i}{\lambda_1 z_\mathrm{o}} y_\mathrm{o} - \frac{\lambda_2 z_i}{\lambda_1 z_\mathrm{r}} y_\mathrm{r}
\end{aligned} \qquad (2\text{-}84)$$

用同样的方法，容易得到第四项衍射光形成的实像坐标是

$$z_i = \left(\frac{1}{z_\mathrm{p}} - \frac{\lambda_2}{\lambda_1 z_\mathrm{o}} + \frac{\lambda_2}{\lambda_1 z_\mathrm{r}}\right)^{-1} \qquad (2\text{-}85)$$

$$x_i = \frac{z_i}{z_p} x_p - \frac{\lambda_2 z_i}{\lambda_1 z_o} x_o + \frac{\lambda_2 z_i}{\lambda_1 z_r} x_r$$

$$y_i = \frac{z_i}{z_p} y_p - \frac{\lambda_2 z_i}{\lambda_1 z_o} y_o + \frac{\lambda_2 z_i}{\lambda_1 z_r} y_r \tag{2-86}$$

重建像的横向放大率和轴向放大率可由像坐标对相应的物坐标求偏导数得到，横向放大率为

$$M_t = \left| \frac{\partial x_i}{\partial x_o} \right| = \left| \frac{\partial y_i}{\partial y_o} \right| = \left| \frac{\lambda_2 z_i}{\lambda_1 z_o} \right| = \left| 1 - \frac{z_o}{z_r} \pm \frac{\lambda_1 z_o}{\lambda_2 z_p} \right|^{-1} \tag{2-87}$$

其中，"+"对应第三项衍射光形成的虚像；"−"对应第四项衍射光形成的实像。轴向放大率为

$$M_a = \left| \frac{\partial z_i}{\partial z_o} \right| = \frac{\lambda_1}{\lambda_2} M_t^{\,2} \tag{2-88}$$

2.3.4　球面波全息的等效平面波全息形式

上面讨论了点光源发出的物光在球面波参考光条件下的全息术。因为相干光的场符合振幅线性叠加的原则，任意物体都可视作由许多点光源组成。但是前面假设参考光球面波有足够的倾斜度，使衍射像能够分离。从平面波全息中已经知道，分离条件与物光的最高频率有关，而到达全息图的最高频率取决于记录距离、全息图尺寸及物体尺寸等。平面波全息的最小分离角度的推导方法并不能直接应用于球面波全息。本小节介绍球面波全息的一种等效平面波全息形式，有助于确定球面波全息的衍射项分离条件。

假设物光复振幅分布为 $O(\xi, \eta; z_o)$，由位于 $z = z_o$ 平面的许多点光源组成，参考光的位置为 (x_r, y_r, z_r)。全息图记录平面的复振幅可以由菲涅耳衍射积分计算。

全息图的强度分布为

$$\begin{aligned}
\left| I_H(x, y) \right|^2 &= \left| R(x, y; 0) \right|^2 + \left| O(x, y; 0) \right|^2 \\
&\quad + O(x, y; 0) R^*(x, y; 0) + O^*(x, y; 0) R(x, y; 0)
\end{aligned} \tag{2-89}$$

其中

$$\begin{aligned}
O(x, y; 0) &= \frac{\exp(-ikz_o)}{-i\lambda z_o} \\
&\quad \times \iint_\infty O(\xi, \eta; z_o) \exp\left\{ \frac{ik}{-2z_o} \left[(x - \xi)^2 + (y - \eta)^2 \right] \right\} \mathrm{d}\xi \mathrm{d}\eta
\end{aligned} \tag{2-90}$$

$$R(x,y;0) = A\frac{\exp(-\mathrm{i}kz_\mathrm{r})}{-\mathrm{i}\lambda z_\mathrm{r}}\exp\left\{\frac{\mathrm{i}k}{-2z_\mathrm{r}}\Big[(x - x_\mathrm{r})^2 + (y - y_\mathrm{r})^2\Big]\right\} \tag{2-91}$$

其中，A 表示参考光的振幅。根据图中的坐标，z_o 和 z_r 为负值，在它们前面加上负号表示传播的距离。第三项衍射光是

$$O(x,y;0)R^*(x,y;0) = \frac{A\exp\big[-\mathrm{i}k(z_o + z_r)\big]}{-\mathrm{i}\lambda z_o}\iint\limits_{\infty} O(\xi,\eta;z_o)\exp\left\{-\frac{\mathrm{i}k}{2z_o}\Big[(x - \xi)^2\right.$$
$$\left. + (y - \eta)^2\Big] + \frac{\mathrm{i}k}{2z_r}\Big[(x - x_r)^2 + (y - y_r)^2\Big]\right\}\mathrm{d}\xi\mathrm{d}\eta \tag{2-92}$$

将积分号里面的相位因子重新二次配方后得到：

$$U_3(x,y) = A'\exp\left(\frac{\mathrm{i}kxx_\mathrm{r}}{z_\mathrm{r}} + \frac{\mathrm{i}kyy_\mathrm{r}}{z_\mathrm{r}}\right)\times\iint\limits_{\infty} O(\xi,\eta;z_\mathrm{r})\exp\left[\frac{\mathrm{i}k}{2(z_\mathrm{r} - z_o)}(\xi^2 + \eta^2)\right]$$
$$\times\exp\left\{\frac{\mathrm{i}k}{2}\left(\frac{1}{z_\mathrm{r}} - \frac{1}{z_o}\right)\left[\left(x - \frac{z_\mathrm{r}}{z_\mathrm{r} - z_o}\xi\right)^2 + \left(y - \frac{z_\mathrm{r}}{z_\mathrm{r} - z_o}\eta\right)^2\right]\right\}\mathrm{d}\xi\mathrm{d}\eta \tag{2-93}$$

其中

$$A' = \frac{A\exp\big[-\mathrm{i}k(z_o + z_r)\big]}{-\mathrm{i}\lambda z_o}\exp\left[\frac{\mathrm{i}k}{2z_r}(x_r{}^2 + y_r{}^2)\right] \tag{2-94}$$

是一个与物坐标和全息图坐标均无关系的常数因子。

令 $M = z_\mathrm{r}/(z_\mathrm{r} - z_o)$，$\xi' = M\xi$，$\eta' = M\eta$，式 (2-93) 可以写成：

$$U_3(x,y) = A'\exp\left[\mathrm{i}k\left(x\frac{x_\mathrm{r}}{z_\mathrm{r}} + y\frac{y_\mathrm{r}}{z_\mathrm{r}}\right)\right]$$
$$\times\iint\limits_{\infty}\frac{1}{M^2}O\left(\frac{\xi'}{M},\frac{\eta'}{M};z_\mathrm{r}\right)\exp\left[\frac{\mathrm{i}k}{2Mz_\mathrm{r}}(\xi'^2 + \eta'^2)\right] \tag{2-95}$$
$$\times\exp\left\{\frac{\mathrm{i}k}{2(-Mz_o)}\Big[(x - \xi')^2 + (y - \eta')^2\Big]\right\}\mathrm{d}\xi'\mathrm{d}\eta'$$

忽略常数因子 A'，可以发现 $U_3(x,y)$ 相当于距离记录平面长度为

$$z_{\mathrm{eq}} = -Mz_o \tag{2-96}$$

的物体。

$$U_{\text{eq}}(\xi',\eta';z_r) = \frac{1}{M^2}O\left(\frac{\xi'}{M},\frac{\eta'}{M};z_r\right)\exp\left[\frac{ik}{2Mz_r}(\xi'^2+\eta'^2)\right] \tag{2-97}$$

用于光轴角度为 θ_x、θ_y 的倾斜参考光记录的全息图的第三项衍射光。

$$\theta_x = \arcsin\left(\frac{x_r}{z_r}\right), \quad \theta_y = \arcsin\left(\frac{y_r}{z_r}\right) \tag{2-98}$$

这个等效物体可视作原物体放大 M 倍后的像在光轴上曲率半径为 $|Mz_r|$ 的球面波照射下的结果。如果用这个等效平面波重建，得到的像的横向放大率为 M，像的轴向位置为 z_{eq}，其结果与式 (2-81)、式 (2-86) 取 $\lambda_1=\lambda_2$，$z_p\to\infty$ 时完全相同。由于本小节的讨论是将 2.3.3 小节中的点光源物体扩展到平面物体，这个结果成立是必然的。等效物体中的二次相位因子的存在说明位于 $z=z_0$ 平面上不同横向位置的点光源全息图具有不同的相位，它们与横向坐标是二次平方关系。这个二次相位因子不影响重建像的强度。注意，当 $z_r=z_0$ 即物体和参考光源在同一平面时，上述表达式无意义。这种情况实际上是无透镜傅里叶全息结构，后面将会讨论，此处仅讨论 $z_r\neq z_0$ 的情况。

球面波全息的第四项衍射光为第三项衍射光的共轭项，因此也相当于这种等效平面波记录的第四项衍射光，此处不再重复分析。

现在可以讨论任意球面波全息的像分离条件。四项衍射光在频域中分别为

$$\tilde{U}_1(f_x,f_y) = \tilde{U}_r(f_x,f_y)\star\tilde{U}_r^*(f_x,f_y) \tag{2-99}$$

$$\tilde{U}_2(f_x,f_y) = \mathcal{F}\left[U_2(x,y)\right] = \tilde{U}_O(f_x,f_y)\star\tilde{U}_O^*(f_x,f_y) \tag{2-100}$$

$$\tilde{U}_3(f_x,f_y) = \tilde{U}_{\text{eq}}\left(f_x-\left|\frac{x_r}{\lambda z_r}\right|,f_y-\left|\frac{y_r}{\lambda z_r}\right|\right) \tag{2-101}$$

$$\tilde{U}_4(f_x,f_y) = \tilde{U}_{\text{eq}}^*\left(-f_x-\left|\frac{x_r}{\lambda z_r}\right|,-f_y-\left|\frac{y_r}{\lambda z_r}\right|\right) \tag{2-102}$$

受限于全息图的尺寸 W_H，$\tilde{U}_1(f_x,f_y)$ 的最高频率为 $W_H/(\lambda z_r)$，$\tilde{U}_2(f_x,f_y)$ 的最高频率为 $(W_H+MW_O)/(\lambda z_0)$，$\tilde{U}_3(f_x,f_y)$ 和 $\tilde{U}_4(f_x,f_y)$ 的最高频率均为 $(W_H+MW_O)/(2\lambda z_0)$，因此像分离的最小等效角度为

$$\theta_{\min} = \begin{cases} \arcsin\left[\dfrac{3(W_H+MW_O)}{2z_0}\right], & \dfrac{W_H}{z_r}\leqslant\dfrac{W_H+MW_O}{z_0} \\[4mm] \arcsin\left[\dfrac{W_H+MW_O}{2z_0}+\dfrac{W_H}{2z_r}\right], & \dfrac{W_H}{z_r}>\dfrac{W_H+MW_O}{z_0} \end{cases} \tag{2-103}$$

也就是说当参考光源离全息图较远时，第一项衍射光对相分离的要求可以忽略，当参考光源很近时，其影响不容忽视。在一些常见的应用中，如无透镜全息显微术中[9, 10]，采用 $|z_r| > |z_o|$ 得到较大的正放大率。这时最小参考角为第一种情况。对应的参考光源离开光轴的距离为

$$x_{\mathrm{rmin}} = \frac{3z_r(W_{Hx} + MW_O)}{2z_o} \tag{2-104}$$

或者

$$y_{\mathrm{rmin}} = \frac{3z_r(W_{Hy} + MW_O)}{2z_o} \tag{2-105}$$

其中，W_{Hx} 和 W_{Hy} 分别表示两个全息图的宽度和高度。满足这两个条件其中之一，就可以得到不受干扰的重建像。

2.3.5　傅里叶全息与像面全息

有一类全息图记录物光的频谱，而非物光本身，称为傅里叶全息图。如图 2-11 所示布置光路，物体和全息记录平面分别位于一个正透镜的前后焦面上，透镜的焦距为 f。根据衍射公式和透镜的相位变换性质，在全息记录平面上的物光复振幅分布为

$$O(x,y) = \frac{\exp(\mathrm{i}kz)}{\mathrm{i}\lambda f} \times \iint_{\infty} O(\xi,\eta) \exp\left[-\mathrm{i}2\pi\left(\frac{x}{\lambda f}\xi + \frac{y}{\lambda f}\eta\right)\right]\mathrm{d}\xi\mathrm{d}\eta \tag{2-106}$$

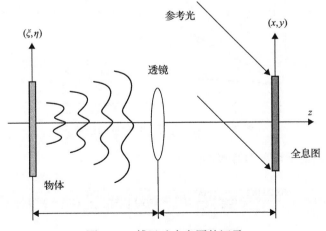

图 2-11　傅里叶全息图的记录

这样，$O(x,y)$ 即为原物体复振幅分布的傅里叶变换。参考光是具有一定倾斜角的平面波。从物体上任意一点发出的发散球面波经透镜作用后都变成平面波，因此每一点发出的光与参考光形成具有唯一空间频率的干涉条纹，这种频率的干涉条纹也是该点独有的。如果用垂直的平面波重建，并将全息图放在焦距为 f 的透镜的前焦面，在后焦面上可以得到原始像和共轭像。由于倾斜参考光的作用，两个像分布在光轴的两侧。重建过程相当于对衍射光再做一次傅里叶变换（也相当于坐标位置取相反数的傅里叶逆变换），这样原始像和共轭像都是聚焦的像，但是坐标互为相反数。

也可以发现：不使用透镜，改为采用与物体在同一平面的点光源发出的球面波作参考光，拍摄的全息图与傅里叶全息图具有相似的形式，因此被称为无透镜傅里叶全息。如图 2-12 所示，假设物体距离全息记录平面为 z，参考光是物平面上的点光源发出的球面波，在 y 方向离开光轴$-b$（为了简便且又不影响一般性，x 方向与光轴无偏离）。在菲涅耳近似条件下，物光在记录平面的复振幅分布为

$$O(x,y;z) = \frac{\exp(\mathrm{i}kz)}{\mathrm{i}\lambda zz}\exp\left[\frac{\mathrm{i}k}{2z}(x^2+y^2)\right]$$

$$\times \iint_\infty O(\xi,\eta;0)\exp\left[\frac{\mathrm{i}k}{2z}(\xi^2+\eta^2)\right]\exp\left[-\mathrm{i}2\pi\left(\frac{x}{\lambda z}\xi+\frac{y}{\lambda z}\eta\right)\right]\mathrm{d}\xi\mathrm{d}\eta \tag{2-107}$$

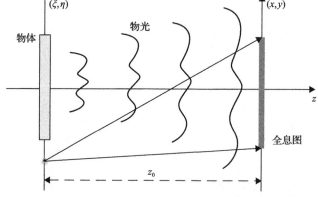

图 2-12　无透镜傅里叶全息的记录

参考光在记录平面的复振幅分布为

$$R(x,y;0) = A\frac{\exp(\mathrm{i}kz)}{\mathrm{i}\lambda z}\exp\left[\frac{\mathrm{i}k}{2z}(b^2+2by)\right]\exp\left[\frac{\mathrm{i}k}{2z}(x^2+y^2)\right] \tag{2-108}$$

其中，A 表示参考光点源处的实振幅。因此，形成的全息图中第三项衍射光为

$$O(x, y)R^*(x, y) = C \exp\left(\frac{\mathrm{i}kby}{2z}\right)$$

$$\times \iint\limits_{\infty} O(\xi, \eta) \exp\left[\frac{\mathrm{i}k}{2z}(\xi^2 + \eta^2)\right] \exp\left[-\mathrm{i}2\pi\left(\frac{x}{\lambda z}\xi + \frac{y}{\lambda z}\eta\right)\right]\mathrm{d}\xi\mathrm{d}\eta$$

$$(2\text{-}109)$$

其中，C 表示运算得到的一项常数因子。忽略常数因子，此式与上述利用透镜的傅里叶全息式 (2-106) 第三项衍射光相比差别仅仅是物光乘了一个相位因子 $\exp\left[\mathrm{i}k(\xi^2 + \eta^2)/(2z)\right]$。如果用同样的方法重建，即相当于再对全息图做傅里叶变换，可以重建得到一个附加相位因子的像。第四项衍射光则同理。如果将全息图用曲率半径为 z_0 且位于光轴上的球面波重建，则在沿传播方向离全息图 z_0 的平面上得到原始像和共轭像，分居光轴的两侧。

　　还有一种特殊的全息图，记录平面在成像系统的像平面上，称为像面全息。像面全息实际上是在相干成像的基础上，加上一束参考光，得到像的干涉图样。一个三维物体如果沿光轴方向的厚度不是很大，可使物体中心聚焦于全息平面，有一部分聚焦于全息图的前后。像面全息图可以利用白光光源照明再现，为逼真复现物体的三维图像提供了很大的方便。

2.3.6　部分相干全息

　　完全相干和完全不相干是两束光叠加时的极端情况，多数情况下，参与叠加的两束光为部分相干关系。以前面的杨氏干涉系统为例，当光源的尺寸(长度)与两个小孔的间距不可忽略时，在衍射屏上形成的即为部分相干光干涉条纹。为准确描述这一现象，荷兰科学家 Zernike 于 1938 年首次提出相干度概念，后续研究在其基础上发展了互相干函数和复相干度理论，可以更一般地描述相干性问题。部分相干光干涉原理如图 2-13 所示。

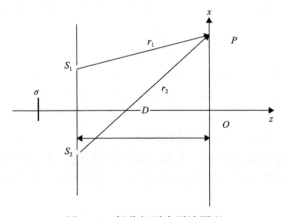

图 2-13　部分相干光干涉原理

部分相干光的干涉方式与相干光类似，不过点光源变成了具有一定长度的线光源，考虑准单色光扩展光源 σ，并用复数振幅表示光场，干涉面上 P 点的光强可以表示为[11]

$$I = I_1(P) + I_2(P) + 2\sqrt{I_1(P)}\sqrt{I_2(P)}|\zeta|\cos(\varphi_1 - \varphi_2) \tag{2-110}$$

其中，$I_1(P)$ 和 $I_2(P)$ 分别表示发生干涉的两点光源单独照射到 P 点的光强；$|\zeta|$ 表示这两个点光源的相干度，其具体计算形式见式(2-52)，且 $|\zeta| \leqslant 1$；φ_1, φ_2 分别表示两个点光源到 P 点的相位。

根据准单色光干涉公式，两个小孔点光源模型的等效表达式为[12]

$$E_1 = \sqrt{|\zeta(r_1, r_2, \tau)|}\sqrt{I_1(P)}\exp(\mathrm{i}\varphi_1) + \frac{1}{2}\sqrt{1 - |\zeta(r_1, r_2, \tau)|}\sqrt{I_1(P) + I_2(P)}\exp(\mathrm{i}\varphi_{r1})$$

$$\tag{2-111}$$

$$E_2 = \sqrt{|\zeta(r_1, r_2, \tau)|}\sqrt{I_2(P)}\exp(\mathrm{i}\varphi_2) + \frac{1}{2}\sqrt{1 - |\zeta(r_1, r_2, \tau)|}\sqrt{I_2(P) + I_1(P)}\exp(\mathrm{i}\varphi_{r2})$$

$$\tag{2-112}$$

其中，$\varphi_{r1}, \varphi_{r2}$ 分别表示两个点光源的随机变换相位，可以将 E_1, E_2 视为相干光(第一项)和非相干光(第二项)的线性叠加。在部分相干全息中，由于非相干光相位为随机不可计算的，因此在全息重建时，取非相干光的光强与相干光的强度和相位作为全息图进行计算。重建过程将光分为相干部分和非相干部分进行。

2.3.7　非相干全息

非相干全息技术的实现原理为：当物体由非相干光照明时，物体上任一点发出的光经过光学系统后，分成具有空间自相干性的两束光，这两束光在记录平面可以形成该点的干涉全息图，进而形成整个物体的全息图。以基于迈克耳孙干涉仪的同轴非相干全息成像为例，其基本示意图见图 2-14。

由物体自身发出的光经过分光镜分成两束光，一束光经过透镜 L$_1$、反射镜 M$_1$ 后再次经过透镜 L$_1$、分光镜 BS，到达相机，另一束光经过透镜 L$_2$、反射镜 M$_2$ 后再次经过透镜 L$_2$、分光镜 BS，到达相机。记 z_{s1}、z_{s2} 分别为物体平面到透镜 L$_1$、L$_2$ 的距离，记 $d_1/2$、$d_2/2$ 分别为透镜 L$_1$、L$_2$ 到反射镜 M$_1$、M$_2$ 的距离，记 z_{h1}、z_{h2} 分别为透镜 L$_1$、L$_2$ 到相机的距离。

对物体上任意一点 (x_s, y_s)，根据菲涅耳近似的衍射计算公式，可以解得两束物光经过透镜相位变换、反射镜反射及衍射传播后，到达相机表面的复振幅公式：

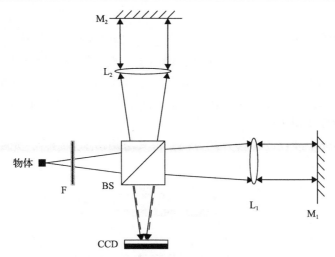

图 2-14　基于迈克耳孙干涉仪的同轴非相干全息成像系统

$$U_{F1}(x,y) = M_1 \exp\left[ih_1(x_s^2 + y_s^2) \right] \cdot \exp\left(\frac{ik\left[(x - M_{T1}x_s)^2 + (y - M_{T1}y_s)^2 \right]}{2z_1} \right) \quad (2\text{-}113)$$

$$U_{F2}(x,y) = M_2 \exp\left[ih_2(x_s^2 + y_s^2) \right] \cdot \exp\left(\frac{ik\left[(x - M_{T2}x_s)^2 + (y - M_{T2}y_s)^2 \right]}{2z_2} \right) \quad (2\text{-}114)$$

其中

$$M_{T1} = \frac{f_1^2}{f_1(f_1 - 2z_{s1}) + d_1(z_{s1} - f_1)} \quad (2\text{-}115)$$

$$M_{T2} = \frac{f_2^2}{f_2(f_2 - 2z_{s2}) + d_2(z_{s2} - f_2)} \quad (2\text{-}116)$$

$$z_1 = \frac{d_1(f_1 - z_{h1})(f_1 - z_{s1}) + f_1\left[f_1(z_{h1} + z_{s1}) - 2z_{h1}z_{s1} \right]}{f_1(f_1 - 2z_{s1}) + d_1(z_{s1} - f_1)} \quad (2\text{-}117)$$

$$z_2 = \frac{d_2(f_2 - z_{h2})(f_2 - z_{s2}) + f_2\left[f_2(z_{h2} + z_{s2}) - 2z_{h2}z_{s2} \right]}{f_2(f_2 - 2z_{s2}) + d_2(z_{s2} - f_2)} \quad (2\text{-}118)$$

则两束光在相机上记录的光强为

$$\begin{aligned} I_F &= \left| U_{F1}(x,y) + U_{F2}(x,y) \right|^2 \\ &= \left| U_{F1}(x,y) \right|^2 + \left| U_{F2}(x,y) \right|^2 + U_{F1}(x,y)U_{F2}^*(x,y) + U_{F1}^*(x,y)U_{F2}(x,y) \end{aligned} \quad (2\text{-}119)$$

2.3.8　相移数字全息

1997 年，日本学者 Yamaguchi 首次提出了一种相移数字全息技术[13]，他利用移相器在参考光中引入相移，进而将相移干涉技术与全息技术相互结合，发展出一种新颖的全息技术。相比于传统的全息技术方法，这种方法具有更高的成像质量和更宽广的成像视角。

以迈克耳孙干涉仪的相移方式为例，将其与相移全息结合，光路图如图 2-15 所示。

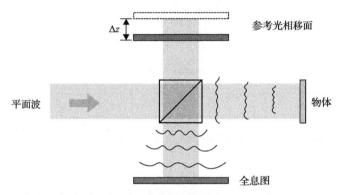

Δz　　　　　　　　　　参考光相移面

平面波　　　　　　　　　　　物体

全息图

图 2-15　与迈克耳孙干涉仪结合的相移全息

在相移全息中，以引入的相移改变次数来分类，其重建算法主要分为四步算法、三步算法、两步算法[14, 15]。在标准的多步重建算法当中，相移改变量并非任意数值，通常被选取为 $2\pi/N$，其中 N 为大于 3 的正整数。而实际操作中，通过调整仪器来精准地控制相移量是较为困难的。相移量存在偏差时，会使得计算结果产生较大的误差。因此，有学者发展了任意相移[16, 17]的相移全息算法，允许相移角改变量为任意的数值，并在全息图中对相移角反演标定，这一方法在很大程度上解决了前述的误差问题。

以标准的四步重建算法为例，假设图 2-15 中，相移面移动后，参考光的相移量 $\alpha = 0, \pi/2, \pi, 3\pi/2$，则在四次全息记录过程中，成像面上每一次的光强为

$$\begin{cases} I_0 = R^2 + O^2 + 2RO\cos\varphi \\ I_{\pi/2} = R^2 + O^2 + 2RO\cos\left(\varphi + \dfrac{\pi}{2}\right) \\ I_\pi = R^2 + O^2 + 2RO\cos(\varphi + \pi) \\ I_{3\pi/2} = R^2 + O^2 + 2RO\cos\left(\varphi + \dfrac{3}{2}\pi\right) \end{cases} \tag{2-120}$$

从其中提取相位值 $\varphi(x,y)$ 及光场复振幅 $O(x,y)$：

$$\varphi(x,y) = \arctan\left[\frac{I_{\pi/2} - I_{3\pi/2}}{I_0 - I_\pi}\right] \tag{2-121}$$

$$O = \frac{1}{4R}\left[(I_0 - I_\pi) + \mathrm{i}(I_{3\pi/2} - I_{\pi/2})\right] \tag{2-122}$$

进一步通过衍射理论可以对空间任意位置点 (x,y,z) 的光场 $O(x,y,z)$ 进行求解。

相移数字全息在很大程度上放宽了全息技术中对全息装置的调节难度和精度要求。更为关键的是，它不仅有效地解决了同轴数字全息中存在的零级像和孪生像对其成像的干扰问题，而且摆脱了离轴数字全息中对参考光夹角的限制。在后续的图像处理中，相移数字全息通过多幅相移全息图来重建物光的三维信息，因此可以利用多幅相移图之间的叠加、对比等图像处理技术来抑制噪声，实现各种误差补偿。

2.3.9　彩虹全息

由于全息图是物光与参考光干涉形成的条纹图，全息记录时一般用高度相干的单色激光，但全息显示时可以用白光代替激光。彩虹全息是一种可以用白光再现的全息技术，该方法在光路的适当位置加上狭缝，并在全息重建时再现狭缝像，因此观察被测物再现像时会受到狭缝的限制。利用白光照射全息图再现时，不同颜色的光、狭缝以及物体的再现像位置不同，因此，再现像的颜色随观察角度而变化，犹如彩虹一样，所以称为彩虹全息。

全息图本质上是干涉条纹图，这里利用光栅这种最简单的干涉条纹来说明彩虹全息可以用白光再现像的原理。当一束平行白光照射空间周期为 T 的光栅时，直射光波与一级衍射光波的夹角 θ 满足条件

$$\sin\theta = \frac{\lambda}{\Lambda} \tag{2-123}$$

其中，λ 表示光波波长。在此假设白光是由红、绿、蓝三基色构成的，三色光对应的波长不同，因此衍射光会发生色散现象。在一级衍射光中，蓝光（B）的波长最长，则夹角 θ_B 最小，绿光的夹角 θ_G 稍大，红光的夹角 θ_R 最大。而直接透射光的各色光是混合在一起的。如果让衍射光是一束会聚成一狭缝形状的光阑（由记录全息图时物光形状决定），那么不同波长的再现物光会聚成不同衍射的狭缝

像，并在空间分离开，这样就可以在不同位置观察到不同颜色的单色像。彩虹全息正是利用这种原理，通过狭缝限制再现光波，来降低像的色模糊，从而达到应用白光再现单色相的目的。彩虹全息的基本方法可分为二步彩虹全息和一步彩虹全息。

1969 年，美国麻省理工学院的 Benton[18]提出了二步彩虹全息术，掀起以白光显示为特征的全息三维显示高潮。二步彩虹全息的实现过程如图 2-16 所示，记录二步彩虹全息图的技术包括两个步骤。首先拍摄一张物体的菲涅耳全息图 H_1，称为主全息图，用共轭参考光 R_1^* 重建菲涅耳全息图时，在 H_1 后放置一狭缝，仅让一个窄条形的菲涅耳全息图进行全息再现得到实像，在其附近放置全息记录介质，用会聚的参考光 R_2 与物光干涉形成一张二步彩虹全息图 H_2。彩虹全息图同时记录了物光波和狭缝的信息。当使用白光进行重建彩虹全息图时，再现获得被测像的同时又得到狭缝的像。

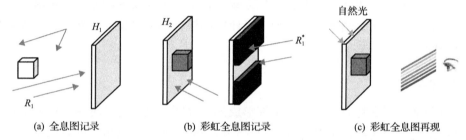

(a) 全息图记录　　　　(b) 彩虹全息图记录　　　　(c) 彩虹全息图再现

图 2-16　二步彩虹全息图的记录与重现[19]

二步彩虹全息图的本质是在观察者和被测物体再现像之间形成狭缝像，使观察者通过狭缝观察物体，从而实现白光再现[20]。据此，1977 年 Chen 等在二步彩虹全息的基础上提出了一步彩虹全息术[21, 22]，其实现原理如图 2-17 所示。在全息记录介质 H 和被测物体 O 间引入成像系统，狭缝 S 放置在成像系统左侧合适的位置，使物体成像于记录介质附近，而狭缝的虚像被记录在离开记录介质一定距离的位置。用白光重现时与二步彩虹全息图再现情形一致。

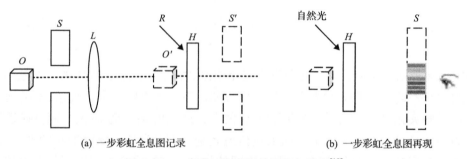

(a) 一步彩虹全息图记录　　　　　　(b) 一步彩虹全息图再现

图 2-17　一步彩虹全息图的记录与重现[19]

二步彩虹全息的记录视场大且立体感强，但是全息记录过程复杂，散斑噪声大。一步彩虹全息虽然方法更为简便，但全息像的视场和视角受到成像系统孔径限制。二步彩虹全息和一步彩虹全息各有优缺点，两种全息技术的最大的共同优点是可以用白光再现全息图，为全息技术走出实验室奠定基础。

参 考 文 献

[1] Coodman J W. 傅里叶光学导论. 北京: 电子工业出版社, 2011.

[2] 郑大钟. 线性系统理论. 2 版. 北京: 清华大学出版社, 2002.

[3] 李俊昌. 衍射计算及数字全息. 北京: 科学出版社, 2014.

[4] Schnars U, Falldorf C, Watson J, et al. Digital Holography and Wavefront Sensing. Berlin Heidelberg: Springer, 2015.

[5] Gabor D. A new microscopic principle. Nature, 1948, (161): 777-778.

[6] Leith E N, Upatnieks J. Reconstructed wavefronts and communication theory. JOSA, 1962, (52): 1123-1128.

[7] Marquet P, Rappaz B, Magistretti P J, et al. Digital holographic microscopy: A noninvasive contrast imaging technique allowing quantitative visualization ofliving cells with subwavelength axial accuracy. Optic Letters, 2005, (30): 468-470.

[8] Kemper B, Langehanenberg P, von Bally G. Digital holographic microscopy. Optik & Photonik, 2007, (2): 41-44.

[9] Garcia-Sucerquia J, Xu W, Jericho M, et al. Immersion digital in-line holographic microscopy. Optic Letters, 2006, (31): 1211-1213.

[10] Garcia-Sucerquia J, Xu W, Jericho S K, et al. Digital in-line holographic microscopy. Appllied Optics, 2006, (45): 836-850.

[11] Thompson B J, Wolf E. Two-beam interference with partially coherent light. J Optic Society of America, 1957, (47): 895-902.

[12] 郝碧宁, 刘娟, 段俊毅, 等. 基于空间部分相干光的全息图产生与显示. 光学技术, 2018, (44): 673-676.

[13] Yamaguchi I, Zhang T. Phase-shifting digital holography. Opt Lett, 1997, (22): 1268-1270.

[14] Kim M K. Digital Holographic Microscopy. Berlin: Springer, 2011: 95-125.

[15] Yamaguchi I, Kato J I, Ohta S, et al. Image formation in phase-shifting digital holography and applications to microscopy. Applied Optics, 2001, (40): 6177-6186.

[16] Cai L Z, Liu Q, Yang X L. Phase-shift extraction and wave-front reconstruction in phase-shifting interferometry with arbitrary phase steps. Opt Lett, 2003, (28): 1808-1810.

[17] Cai L Z, Liu Q, Yang X L. Generalized phase-shifting interferometry with arbitrary unknown phase steps for diffraction objects. Opt Lett, 2004, (29): 183-185.

[18] Benton S A. Hologram reconstruction with extended incoherent sources. J Opt Soc Am, 1969, (59): 1545.

[19] 施逸乐. 彩色计算彩虹全息实用技术的研究. 苏州: 苏州大学, 2013.

[20] 龙涛. 彩色全息图的研究. 重庆: 重庆大学, 2002.

[21] Chen H, Yu F T. One-step rainbow hologram. Opt Lett, 1978, (2): 85.

[22] Shan Q Z, Chen Q C, Chen H. One-step rainbow holography of diffuse 3-D objects with no slit. Appl Opt, 1983, (22): 3902.

第3章　全息图数字重建方法

全息图的数字重建是数字全息三维成像的关键步骤，本章主要介绍几种典型的数字全息图三维重建算法，这些重建算法是各种应用场合中颗粒全息测量的基础。全息重建的基本原理是利用参考光的共轭波照射全息图，从而再现物体光场的复振幅。本章介绍的数字全息重建方法主要包括：卷积重建方法[1, 2]、菲涅耳近似重建方法[1, 3]、小波重建方法[4-7]以及分数傅里叶变换重建方法[8-11]等。此外，全息重建也可以用逆问题方法，该类型的典型方法为压缩感知重建算法[12-14]。

3.1　卷积重建方法

数字全息重建是在计算机中模拟全息图的光学重建的过程。图 3-1 表示出了物体、全息图像平面及重建平面之间的相对空间位置关系和坐标系。

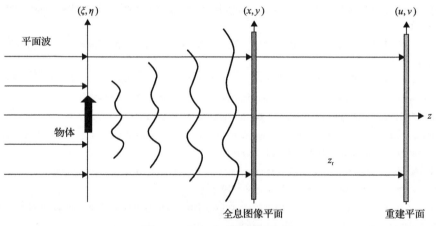

图 3-1　全息重建过程示意图

式(2-58)给出了用原参考光照射全息图所得到的光场：

$$I_{\mathrm{H}}\,R = \left|OO^*\right|R + \left|RR^*\right|R + \left|RR^*\right|O + O^*\left|RR^*\right| \tag{3-1}$$

其中，第一、二项为直流项，第三项是被参考光调制的物光，第四项是被参考光畸变的物光共轭项。第三项$\left|RR^*\right|O$包含所要研究的物光信息，则利用瑞利-索末菲

衍射公式来重建全息图的过程表示为

$$\Gamma(u,v;z_{\mathrm{r}}) = \frac{\mathrm{i}}{\lambda} \iint R(x,y) I_{\mathrm{H}}(x,y) \frac{\exp\left[-\mathrm{i}\dfrac{2\pi}{\lambda}\sqrt{(u-x)^2+(v-y)^2+z_r^2}\right]}{\sqrt{(u-x)^2+(v-y)^2+z_r^2}} \mathrm{d}x\mathrm{d}y \tag{3-2}$$

其中，(x,y) 和 (u,v) 分别表示全息图像平面和重建平面的坐标；z_r 表示重建距离；Γ 表示重建光场的复振幅分布。重建光场的亮度为

$$I(u,v;z_{\mathrm{r}}) = \left|\Gamma(u,v;z_r)\right|^2 \tag{3-3}$$

其相位图为

$$\varphi(u,v;z_r) = \arctan\frac{\mathrm{Im}\left[\Gamma(u,v;z_{\mathrm{r}})\right]}{\mathrm{Re}\left[\Gamma(u,v;z_{\mathrm{r}})\right]} \tag{3-4}$$

其中，Im 表示复数的虚部；Re 表示实部。

式(3-2)可以写成卷积的形式：

$$\Gamma(u,v,z_{\mathrm{r}}) = (R\,I_{\mathrm{H}}) \otimes g(u,v,z_{\mathrm{r}}) \tag{3-5}$$

其中

$$g(u,v,z_{\mathrm{r}}) = \frac{\mathrm{i}}{\lambda} \frac{\exp\left(-\mathrm{i}\dfrac{2\pi}{\lambda}\sqrt{u^2+v^2+z_{\mathrm{r}}^2}\right)}{\sqrt{u^2+v^2+z_{\mathrm{r}}^2}} \tag{3-6}$$

其离散形式为

$$g(p,q,z_{\mathrm{r}}) = \frac{\mathrm{i}}{\lambda} \frac{\exp\left[-\mathrm{i}\dfrac{2\pi}{\lambda}\sqrt{(p-N_x/2)^2\Delta x^2+(q-N_y/2)^2\Delta y^2+z_{\mathrm{r}}^2}\right]}{\sqrt{(p-N_x/2)^2\Delta x^2+(q-N_y/2)^2\Delta y^2+z_{\mathrm{r}}^2}} \tag{3-7}$$

其中，整数 $p=0,1,2,\cdots,N_{x-1}$，$q=0,1,2,\cdots,N_{y-1}$；N_x 和 N_y 分别表示全息图在 x 和 y 两个方向上的像素数目；$p-N_x/2$ 和 $q-N_y/2$ 表示将全息图中心设为坐标原点。对于式(3-5)，可以采用两次傅里叶变换 $\mathcal{F}$ 和一次傅里叶逆变换 $\mathcal{F}^{-1}$ 对其进行数值计算：

$$\Gamma(m,n) = \mathcal{F}^{-1}\left\{\mathcal{F}\left\{U_R I_H\right\} \cdot \mathcal{F}\left\{g\right\}\right\}(m,n) \tag{3-8}$$

这种重建算法称为卷积法，其中 (m,n) 为像素坐标。重建图的像素尺寸与全息图像素尺寸一致，即

$$\Delta u = \Delta x, \ \Delta v = \Delta y \tag{3-9}$$

图 3-2(b) 为螺钉头部的一张数字全息图，它由螺钉表面反射的物光与倾斜平面参考光干涉形成。对其局部进行放大，可以观察到清晰的倾斜条纹图像，如图 3-2(c) 所示。对全息图进行频谱分析，可以得到其频谱分布，如图 3-2(d) 所示，中央明亮区域为直流项，在左上角和右下角有对称分布的 +1 级和 −1 级衍射光。

(a) 螺钉实物图　　　　　　　　　　(b) 螺钉全息图

(c) 局部条纹图　　　　　　　　　　(d) 全息图频谱

图 3-2　螺钉的全息图及其重建

选择图 3-2(d) 中左上角矩形框内 +1 级衍射光，代入原始倾斜参考光(倾角为 $\theta_x = 1.5°$，$\theta_y = 1.15°$ 的平面波)，用卷积法对全息图进行重建，可以得到完整的物体图像，并且其大小与原始物体图像相同，如图 3-3 所示。

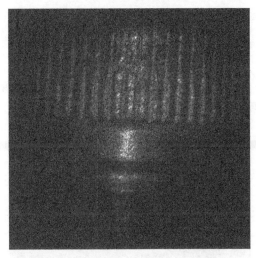

图 3-3　螺钉全息图的卷积重建结果（1224 像素×1224 像素）

3.2　角谱重建方法

第 2 章介绍了通过角谱理论来描述光衍射现象，因此也可以采用角谱重建方法来重建全息图。实际上，对于式(3-8)中的卷积核函数 g 而言，它的傅里叶变换具有解析解：

$$G(f_x, f_y, z_r) = \exp\left[-\mathrm{i}\frac{2\pi}{\lambda} z_r \sqrt{1 - (\lambda f_x)^2 - (\lambda f_y)^2} \right] \tag{3-10}$$

其中，(f_x, f_y) 表示频域坐标；G 相当于频谱的传递函数。

卷积核函数的解析解 G 具有平面波的函数形式，其中的 $\alpha = \lambda f_x$ 和 $\beta = \lambda f_y$ 分别对应于平面波的方向余弦角，因此可以采用角谱法对其进行重建。当 $1 - (\lambda f_x)^2 - (\lambda f_y)^2 < 0$ 时，代表倏逝波，在此不具体展开。数字相机的像素尺寸决定了 G 的频谱宽度为 $1/\Delta x$ 和 $1/\Delta y$，等距采样结果为

$$f_x = \frac{p - N_x/2}{N_x \Delta x}, \quad f_y = \frac{q - N_y/2}{N_y \Delta y} \tag{3-11}$$

同样地，分子中的 $-N_x/2$ 和 $-N_y/2$ 是为了移动频谱中心。离散的角谱传递函数为

$$G(p, q) = \exp\left\{ -\mathrm{i}\frac{2\pi z_r}{\lambda} \sqrt{1 - \left[\frac{\lambda(p - N_x/2)}{N_x \Delta x} \right]^2 - \left[\frac{\lambda(q - N_y/2)}{N_y \Delta y} \right]^2} \right\} \tag{3-12}$$

数字全息图的角谱重建的结果为

$$\Gamma(m,n) = \mathcal{F}^{-1}\left\{\mathcal{F}\{U_R I_H\} \cdot G\right\}(m,n) \tag{3-13}$$

如图 3-4 所示，螺钉头部全息图用角谱法重建得到的结果与图 3-3 中用卷积法重建的结果基本相同。

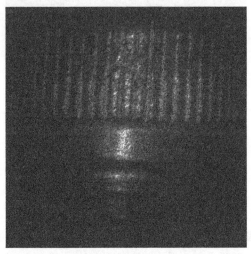

图 3-4　角谱重建结果（1224 像素×1224 像素）

3.3　菲涅耳近似重建方法

当衍射距离比较远时，可以基于菲涅耳近似方法，对前述衍射公式进行适当简化来计算衍射图样，即采用菲涅耳近似方法对全息图进行重建。

根据菲涅耳近似衍射公式 [式 (2-27)]，可以将式 (3-2) 的重建公式写成菲涅耳近似重建：

$$\Gamma(u,v,z_r) = \frac{1}{\mathrm{i}\lambda z_r}\exp\left(\mathrm{i}\frac{2\pi}{\lambda}z_r\right)\exp\left[\frac{\mathrm{i}\pi}{\lambda z_r}(u^2 + v^2)\right]$$

$$\times \iint U_R(x,y)I_H(x,y)\exp\left[\frac{\mathrm{i}\pi}{\lambda z_r}(x^2 + y^2)\right]\exp\left[-\mathrm{i}2\pi\left(\frac{u}{\lambda z_r}x + \frac{v}{\lambda z_r}y\right)\right]\mathrm{d}x\mathrm{d}y \tag{3-14}$$

这样，通过在傅里叶变换前后分别乘上一个二次相位因子，全息重建过程就可以用一次傅里叶变换来实现：

$$\Gamma(u,v,z_r) = \frac{1}{\mathrm{i}\lambda z_r} \exp\left(\mathrm{i}\frac{2\pi}{\lambda}z_r\right) \exp\left[\frac{\mathrm{i}\pi}{\lambda z_r}(u^2+v^2)\right] \mathcal{F}\left\{U_R(x,y)I_H(x,y)\exp\left[\frac{\mathrm{i}\pi}{\lambda z_r}(x^2+y^2)\right]\right\}$$

$$(3\text{-}15)$$

记变换后的频域坐标为

$$f_x' = \frac{u}{\lambda z_r}, \quad f_y' = \frac{v}{\lambda z_r} \tag{3-16}$$

图像傅里叶变换前后采样点数不变，频谱宽度为 $1/\Delta x$ 和 $1/\Delta y$，因此频域采样间隔为

$$\Delta f_x' = \frac{1}{N_x \Delta x}, \quad \Delta f_y' = \frac{1}{N_y \Delta y} \tag{3-17}$$

重建图的像素尺寸为

$$\Delta u = \lambda z_r \Delta f_x' = \frac{\lambda z_r}{N_x \Delta x}, \quad \Delta v = \lambda z_r \Delta f_y' = \frac{\lambda z_r}{N_y \Delta y} \tag{3-18}$$

可知重建图的像素尺寸随着重建距离的变化而变化，不能与全息图像素尺寸保持一致。根据式 (3-15) 和式 (3-18)，得到重建过程的离散化表示为

$$\Gamma(m,n) = \frac{1}{\mathrm{i}\lambda z_r} \exp\left(\mathrm{i}\frac{2\pi}{\lambda}z_r\right) \exp\left\{\mathrm{i}\pi\lambda z_r\left[\frac{(m-N_x/2)^2}{N_x^2\Delta x^2} + \frac{(n-N_y/2)^2}{N_y^2\Delta y^2}\right]\right\}$$

$$\times \mathcal{F}\left\{[U_R(p,q)I_H(p,q)]\exp\left\{\frac{\mathrm{i}\pi}{\lambda z_r}\left[(p-N_x/2)^2\Delta x^2 + (q-N_y/2)^2\Delta y^2\right]\right\}\right\}$$

$$(3\text{-}19)$$

图 3-5 为螺钉全息图用菲涅耳近似重建的结果，螺钉的形状与卷积、角谱重建结果相同。

3.4　小波重建方法

小波 (wavelet) 是指小型波 (在傅里叶分析里的弦波是大型波)，简而言之，小波是一个衰减迅速的振荡。小波分析或小波变换是指用有限长或快速衰减的基函数 (basis function) 振荡波形来表示信号，该波形被缩放和平移以匹配输入的信号。波的传播以及衍射过程可以用小波来描述[15]，因而全息图可以用小波变换进行重建。

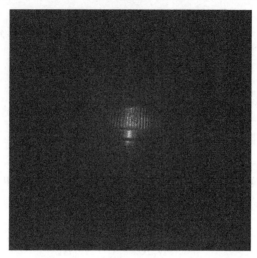

图 3-5　菲涅耳近似重建结果(1224 像素×1224 像素)

小波方法具有多尺度重建等优点，根据小波的构建方法不同，可以形成不同的小波重建方法。

可以从线性不变系统出发[4]，推导颗粒衍射全息的形成，构建相应的小波函数来重建数字颗粒全息图，并获得在该方法下重建图像的点扩散函数[16, 17]。也有学者构建了 Fresnelet 小波[5]，该方法能对全息图进行多尺度重建。在基于线性不变系统的小波重建算法中，重建图像的光强为 $I(x, y, z)$ ，可表示为[4]

$$
\begin{aligned}
I(x, y, z) &= 1 - I_{\mathrm{H}}(x, y) \otimes \psi_\alpha(x, y) \\
&= 1 - I_{\mathrm{holo}}(x, y) \otimes \left\{ \frac{1}{\alpha^2} \left[\sin\left(\frac{x^2 + y^2}{\alpha^2} \right) - M_\psi \right] \exp\left(-\frac{x^2 + y^2}{\alpha^2 \sigma^2} \right) \right\}
\end{aligned}
\tag{3-20}
$$

其中，$\psi_\alpha(x, y)$ 表示校正的小波函数；σ 表示宽度因子，它依赖于帧采集特性。调零参数 M_ψ 使 $\psi_\alpha(x, y)$ 平均值为零，其表达式为

$$
M_\psi = \frac{\sigma^2}{1 + \sigma^4}
\tag{3-21}
$$

其中

$$
\sigma = \min\left[\frac{N\delta_{\mathrm{ccd}}}{2} \sqrt{\frac{\pi}{\lambda z} \ln(\varepsilon^{-1})}, \frac{1}{2} \sqrt{\frac{\pi \lambda z}{\ln(\varepsilon^{-1})}} \right]
\tag{3-22}
$$

该小波重建算法只能重建光强，无法重建光场的相位信息。

3.5 分数傅里叶变换重建方法

定义 t 域内，p 阶分数傅里叶变换为[18, 19]

$$
\begin{aligned}
X_p(t) &= \left\{ \mathcal{F}^p \left[x(t) \right] \right\}(u) = \int_{-\infty}^{\infty} K_p(u,t)x(t)\mathrm{d}x, \quad 0 < |p| < 2 \\
&= \begin{cases}
B_\alpha \displaystyle\int_{-\infty}^{\infty} \exp\left(\mathrm{i}\frac{u^2+t^2}{2}\cot\alpha - \mathrm{i}\frac{ut}{\sin\alpha} \right) x(t)\mathrm{d}x, & \alpha \neq n\pi \\
x(t), & \alpha = 2n\pi \\
x(-t), & \alpha = (2n \pm 1)\pi
\end{cases}
\end{aligned}
\tag{3-23}
$$

其中，$\alpha = p\pi/2$；$K_p(u,t) = \sqrt{\dfrac{1-\mathrm{i}\cot\alpha}{2\pi}}\exp\left(\mathrm{i}\dfrac{u^2+t^2}{2}\cot\alpha - \mathrm{i}\dfrac{ut}{\sin\alpha} \right)$，表示分数傅里叶变换的核函数；$B_\alpha = \sqrt{\dfrac{1-\mathrm{i}\cot\alpha}{2\pi}}$。当 $\alpha = \pi/2$ 时，分数傅里叶变换退化成传统的傅里叶变换。

Lohmann 利用维格纳分布函数的相空间旋转特性，从光学实现的角度给出了分数傅里叶变换的定义：

$$
\begin{aligned}
\left\{ \mathcal{F}^p \left[g(x_0) \right] \right\}(x_\alpha) &= C_\alpha \int_{-\infty}^{\infty} \exp\left(\mathrm{i}\frac{\pi\left(x_\alpha^2 + x_0^2 \right)}{\lambda f_1 \tan\alpha} \right)\exp\left(-\mathrm{i}\frac{2\pi x_\alpha x_0}{\lambda f_1 \sin\alpha} \right)g(x_0)\mathrm{d}x_0 \\
&= C_\alpha \int_{-\infty}^{\infty} \exp\left(\mathrm{i}\frac{\pi\left(x_\alpha^2 + x_0^2 \right)}{s^2 \tan\alpha} \right)\exp\left(-\mathrm{i}\frac{2\pi x_\alpha x_0}{s^2 \sin\alpha} \right)g(x_0)\mathrm{d}x_0
\end{aligned}
\tag{3-24}
$$

其中，λ 表示波长；f_1 表示标准焦距；式 (3-23) 与式 (3-24) 中两种分数傅里叶变换定义完全等价。复常数 C_α 为

$$
C_\alpha = \frac{\exp\left\{ -\mathrm{i}\left[\dfrac{\pi}{4}\mathrm{sgn}(\sin\alpha) \right] - \dfrac{\alpha}{2} \right\}}{\left| \lambda f \sin\alpha \right|^{1/2}}
\tag{3-25}
$$

核函数为

$$
K_{\alpha_x}(x_0, x) = C_1 \exp\left(\mathrm{i}\frac{\pi(x_\alpha^2 + x_0^2)}{s^2 \tan\alpha} \right)\exp\left(-\mathrm{i}\frac{2\pi x_\alpha x_0}{s^2 \sin\alpha} \right)
\tag{3-26}
$$

分数傅里叶的变换核是正交的，因而上面的一维分数傅里叶变换可以推广到多维分数傅里叶变换，如在图像处理及光学传播中广泛应用的二维分数傅里叶变换。二维分数傅里叶变换核为

$$K_{p_1,p_2}(x_0,y_0,x,y) = K_{\alpha_x}(x_0,x)K_{\alpha_y}(y_0,y) \tag{3-27}$$

其中，变换核函数由式(3-26)定义。二维信号 $f(s,t)$ 的二维分数傅里叶变换为

$$\mathcal{F}_{p_1,p_2}(x,y) = \int_{-\infty}^{\infty}\int_{-\infty}^{\infty} f(x_0,y_0)K_{p_1,p_2}(x_0,y_0,x,y)\mathrm{d}x_0\mathrm{d}y_0 \tag{3-28}$$

分数傅里叶变换的核函数是一个线性啁啾，其啁啾频率由分数阶决定。对颗粒物光场来说，颗粒全息条纹信号也是一个线性啁啾，在平面波入射下，通过自由空间传播到相机靶面上的颗粒全息条纹啁啾频率由包含位置信息的二次相位因子 $\exp\left[-\mathrm{i}\dfrac{\pi(x^2+y^2)}{\lambda z}\right]$ 决定。在确定全息光学系统的分数傅里叶变换分析中，分数阶 p 与衍射距离 z 一一对应，基于分数傅里叶全息图的这一特性，它除了可以用在数字图像信息加密领域[20]之外，也适合用于数字全息图的记录与重建，如Coëtmellec 等[8-10]将分数傅里叶光学系统与数字全息进行结合，应用分数傅里叶变换重建数字全息图。通过分数傅里叶变换消除二次相位因子，重建颗粒图像的光场为

$$
\begin{aligned}
I_z(x_\alpha,y_\alpha) &= \mathcal{F}_{p_1,p_2}\left[I_{\mathrm{H}}(x,y)\right]_{(x_\alpha,y_\alpha)} = \mathcal{F}_{\alpha_x,\alpha_y}\left[|R|^2+|O|^2\right] \\
&\quad -C(\alpha_x)C(\alpha_y)\iint\left|R\overline{O}\right|\exp[\mathrm{i}(\varphi_a-\varphi)]\exp\left[-\mathrm{i}2\pi\left(\frac{x_a x}{s_x^2\sin\alpha_x}+\frac{y_a y}{s_y^2\sin\alpha_y}\right)\right]\mathrm{d}x\mathrm{d}y \\
&\quad -C(\alpha_x)C(\alpha_y)\iint\left|R\overline{O}\right|\exp[\mathrm{i}(\varphi_a+\varphi)]\exp\left[-\mathrm{i}2\pi\left(\frac{x_a x}{s_x^2\sin\alpha_x}+\frac{y_a y}{s_y^2\sin\alpha_y}\right)\right]\mathrm{d}x\mathrm{d}y
\end{aligned}
\tag{3-29}
$$

当 $z = f\tan\alpha$ 时，二次相位因子消除，实现颗粒重建。颗粒聚焦图像的分数傅里叶变换重建阶次为

$$\alpha_{x,y} = \pm\frac{2}{\pi}\arctan\left(\frac{z_{x,y}}{f_1}\right) = \pm\frac{2}{\pi}\arctan\left(\frac{\lambda z_{x,y}}{s_{x,y}^2}\right) \tag{3-30}$$

由于衍射，分数傅里叶重建得到的颗粒图像像素大小与颗粒全息图的像素大小不一致，其关系为

$$\delta_{x,f} = \frac{\delta_x}{\cos \alpha_x}$$

$$\delta_{y,f} = \frac{\delta_y}{\cos \alpha_y} \tag{3-31}$$

通过变换分数傅里叶变换阶次 α，重建不同 z 位置的颗粒。值得注意的是，在分数傅里叶变换中，x 与 y 方向的变换阶次 α 相互独立，对应的重建距离 z 也不同，因此这一方法适合处理椭圆高斯光束照射下的全息图，或是带像散像差的全息图（详细的案例内容可以参见本书第 8 章）。

3.6 稀疏重建算法

一般而言，在传统的数据采样过程中，信号采样频率需要遵循 Nyquist 采样定理，该定理表明，信号采样频率至少需要达到初始信号最高频率的 2 倍以上，才能够完整且无混淆地重建初始信号。而实际上，这样的采样过程存在很多冗余的无效数据，不仅使得数据采集过程十分耗时，而且使数据后处理过程复杂低效。

压缩感知（compressive sensing）是一种不同于传统 Nyquist 采样定理的采样理论，由 Donoho 首次提出[21]，该定理用远低于 Nyquist 采样定理所要求的采样次数来重建原始信号。该理论表明：对于稀疏的或可压缩的信号，利用测量矩阵可以将高维信号投影到一个低维空间上进行观察；并根据少量的采样值，利用独特的系统相关映射 ψ，实现原始信号的精确重构。这对高维图像信号的处理重建具有很大应用价值，Donoho 等在提出压缩感知时，就将数字全息重建过程作为一个典型的范例。

目前，很多学者对数字全息压缩感知重建算法做了详尽的研究[22]，应用于同轴全息[23]、离轴全息以及相移全息[24, 25]中，发现了压缩感知方法的一些优点如能够去除同轴全息中的共轭像噪声。也有学者利用标量衍射的角谱理论，结合压缩感知方法发展了基于菲涅耳近似的全息重建方法[12-14]。一般而言，信号都是可压缩的，即信号在某变换域的作用下可以转换为一个稀疏信号，信号稀疏是实现压缩感知理论的前提基础。具体来讲，当信号 ζ 中最多存在 k 个非零值时，则称信号 ζ 是 k 稀疏的，即

$$\|\zeta\|_0 \leqslant k \tag{3-32}$$

其中，$\|\cdot\|$ 表示范数。结合上式，通过下述集合可以表述信号 ζ 中所有的 k 稀疏信号：

$$\sum_k = \left\{ \zeta : \| \zeta \|_0 \leqslant k \right\} \tag{3-33}$$

如果假设一个信号 $x \in \mathbf{R}^n$ 是一个稀疏信号，或者在某个正交基 $\Psi \in \mathbf{R}^{n \times n}$ 下是稀疏的 n 维信号，则可以表示为

$$x \in \Psi s \tag{3-34}$$

其中，s 表示信号 x 在变换基 Ψ 下的 k 稀疏信号；Ψ 表示一个正交的稀疏变换基。

从上式稀疏信号的表示方法可以看出，基于压缩感知理论的测量过程就是用与稀疏基 Ψ 不相关的矩阵 Φ 对信号 x 进行线性投影，从而得到 m 维的观测值 y：

$$y = \Phi x = \Phi \Psi s = \Theta s \tag{3-35}$$

其中，$\Phi \in \mathbf{R}^{m \times n}$，称为测量矩阵，其中 $k < m < n$；$\Theta = \Phi \Psi$，表示感知矩阵或者传感矩阵。

测量矩阵 Φ 对于信号重建复原至关重要，为了保证原始信号能够被准确重构，测量矩阵 Φ 必须满足一定的重构条件，包括零空间条件、约束等距性质、非相关性等。

首先，零空间条件是其中的一个必要条件，通常用 Spark 性质来表示测量矩阵的零空间特性，矩阵的 Spark 性质是指该矩阵的列向量中最少线性相关列向量的个数，可以表示为

$$\mathrm{spark}(\Theta) = \min_{x \neq 0} \| x \|_0, \quad \text{s.t.} \quad \Theta s = y \tag{3-36}$$

根据上式，当且仅当 $\mathrm{spark}(\Theta) > 2k$ 时，对于任何的 $y \in \mathbf{R}^n$ 最多存在一个信号 $s \in \sum_k$ 使得 $y = \Phi x$ 成立。这一性质给出了测量矩阵相对于稀疏信号的理论指导。

其次，稀疏信号的重建还需要满足约束等距性质（restricted isometry property，RIP），这是一个更为严格的重构条件：

$$(1 - \delta_k) \| s \|_2^2 \leqslant \| \Theta s \|_2^2 \leqslant (1 + \delta_k) \| s \|_2^2 \tag{3-37}$$

具体来说一个矩阵满足 k 阶约束等距条件特性指的是，若存在一个常数 $\delta_k \in (0,1)$，使得式（3-37）对于所有的 s 成立；且对于所有的 k 阶稀疏矢量 s 来说，它们都满足式（3-37）中的最小常数 δ_k，则称 Φ 满足 k 阶约束等距条件，δ_k 称作矩阵 Θ 的约束等距常数。

通常来讲，稀疏信号的重建要求矩阵的任何一个子集都要满足 Spark 性质，同时要满足约束等距条件。但是，这在高维度矩阵的验证过程中非常复杂。通常采用较为简易的相关性条件检测来对矩阵性质进行判定，它指出，一个矩阵

$\Theta \in \mathrm{R}^{m \times n}$ 的相关系数 $\mu(\Theta)$ 是该矩阵任意两个列向量 ζ_i（ζ_i 表示第 i 列）、ζ_j 归一化内积的绝对最大值，可表示为

$$\mu(\Theta) = \max_{1 \leqslant i \neq j \leqslant n} \frac{\left| \langle \zeta_i, \zeta_j \rangle \right|}{\|\zeta_i\|_2 \|\zeta_j\|_2} \tag{3-38}$$

$\mu(\Theta)$ 越小，则矩阵相关性越小，测量矩阵的性能越好，那么测量值所包含的原信号信息越独特，换言之越多，这样更容易重建出准确的信号。

以同轴全息为例，下面介绍基于菲涅耳近似的压缩感知全息重建算法。如图 3-6 所示，被物体衍射的物光与参考光发生干涉，其干涉图像被远场的成像平面所记录，并形成全息图。假设成像平面在相机平面上，那么其光场分布 $U(x, y)$ 为

$$\begin{aligned}
U(x, y) &= 1 + \int_{-\infty}^{\infty} \int_{-\infty}^{\infty} O(x_0, y_0) I_{\mathrm{H}}(x - x_0, y - y_0) \mathrm{d}x_0 \mathrm{d}y_0 \\
&= 1 + \frac{\mathrm{i}}{\lambda} \int_{-\infty}^{\infty} \int_{-\infty}^{\infty} O(x_0, y_0) \frac{\exp\left[-\mathrm{i} \dfrac{2\pi \sqrt{z^2 + (x - x_0)^2 + (y - y_0)^2}}{\lambda} \right]}{\sqrt{z^2 + (x - x_0)^2 + (y - y_0)^2}} \mathrm{d}x_0 \mathrm{d}y_0 \\
&= 1 + (O \otimes I_{\mathrm{H}})(x - x_0, y - y_0)
\end{aligned} \tag{3-39}$$

其中，$I_{\mathrm{H}}(x, y; z) = \dfrac{\mathrm{i}}{\lambda \sqrt{z^2 + x^2 + y^2}} \exp\left[-\mathrm{i} \dfrac{2\pi \sqrt{z^2 + x^2 + y^2}}{\lambda} \right]$；$\otimes$ 表示卷积运算。

式（3-39）描述一个空间不变线性系统。相机平面上的光强分布 $I(x, y)$ 表示为

$$\begin{aligned}
I(x, y) &= \alpha |U(x, y)|^2 + I_0(x, y) \\
&= (\alpha + I_0) + 2\alpha \operatorname{Re}\{O \otimes I_{\mathrm{H}}\} + \alpha [O \otimes I_{\mathrm{H}}][O \otimes I_{\mathrm{H}}]^*
\end{aligned} \tag{3-40}$$

其中，α 表示相机量子系数；I_0 表示相机背景噪声。式中第一项 $(\alpha + I_0)$ 表示全息图中直流分量，可以忽略。第二项 $2\alpha \operatorname{Re}[O \otimes I_{\mathrm{H}}]$ 表示物体衍射形成全息图，第三项 $\alpha [O \otimes I_{\mathrm{H}}][O \otimes I_{\mathrm{H}}]^*$ 则表示物体相互作用对衍射产生的影响，由于

$$\alpha [O \otimes I_{\mathrm{H}}][O \otimes I_{\mathrm{H}}]^* \ll 2\alpha \operatorname{Re}\{O \otimes I_{\mathrm{H}}\}$$

所以可以忽略。

那么全息图可以简化为

$$I(x, y) = \operatorname{Re}\{O \otimes I_{\mathrm{H}}\} = \operatorname{Re}\{\mathcal{F}^{-1}[\mathcal{F}(O) \mathcal{F}(I_{\mathrm{H}})]\} \tag{3-41}$$

其中，$\mathcal{F}$、$\mathcal{F}^{-1}$ 分别表示二维傅里叶变换和傅里叶逆变换。

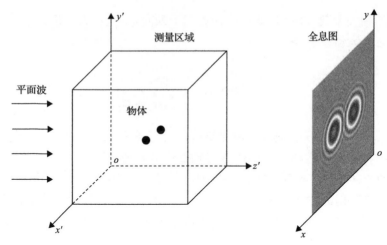

图 3-6 同轴全息示意图

假设相机的平面 x、y 方向上的像元个数分别为 $N_x \times N_y$，像素大小分别为 $\Delta x \times \Delta y$，被记录的目标空间 $o(x_0, y_0, z_0)$ 划分为步长为 $\Delta x \times \Delta y \times \Delta z$ 的 $N_x \times N_y \times N_z$ 个采样区间，那么对式 (3-41) 进行离散化，可以得到

$$
\begin{aligned}
I(k\Delta x, l\Delta y) &= \sum_{q}^{N_z}\sum_{n}^{N_y}\sum_{m}^{N_x} O(m\Delta x, n\Delta y, q\Delta z) \otimes I_{\mathrm{H}q\Delta z}(k\Delta x - m\Delta x, l\Delta y - n\Delta y) \\
&= \mathcal{F}^{-1}\left\{\sum_{q}^{N_z}\mathcal{F}[O(m\Delta x, n\Delta y, q\Delta z)]\mathcal{F}[I_{\mathrm{H}q\Delta z}(k\Delta x - m\Delta x, l\Delta y - n\Delta y)]\right\}
\end{aligned}
\tag{3-42}
$$

为了适应压缩感知方程，将目标空间三维矩阵与全息图化为一维向量，定义 $O'_{(q-1)\times N_x \times N_y + (n-1)\times N_x + m} = O(m, n, q)$，$I'_{\mathrm{H}(q-1)\times N_x \times N_y + (n-1)\times N_x + m} = I_{\mathrm{H}q\Delta z}(m\Delta x, n\Delta y)$，$I'_{(l-1)\times N_x + k} = I(k, l)$，则式 (3-42) 化为

$$
I' = T_{2D}WQBO' = HO'
\tag{3-43}
$$

其中，$B = \begin{bmatrix} \mathcal{F}_{2D} & 0 & \cdots & 0 \\ 0 & \mathcal{F}_{2D} & \cdots & \vdots \\ \vdots & \vdots & & 0 \\ 0 & \cdots & 0 & \mathcal{F}_{2D} \end{bmatrix}$，表示大小为 $(N_x \times N_y \times N_z) \times (N_x \times N_y \times N_z)$ 二维

分块对角矩阵，B 中子阵 $\mathcal{F}_{2D}$ 大小为 $(N_x \times N_y) \times (N_x \times N_y)$，表示二维离散傅里叶变换。$BO'$ 对应式 (3-42) 中 $\mathcal{F}[O(m\Delta x, n\Delta y, q\Delta z)]$。$Q$ 表示 $(N_x \times N_y \times N_z) \times (N_x \times N_y \times N_z)$ 的对角矩阵，其中对角矩阵中第 $[(q-1)\times N_x \times N_y + (n-1)\times N_x + m]$ 为 $\mathcal{F}[I_{\mathrm{H}q\Delta z}$

$(k\Delta x - m\Delta x, l\Delta y - n\Delta y)]$ 矩阵的第 n 行 m 列元素，$\mathcal{F}[I_{Hq\Delta z}(k\Delta x - m\Delta x, l\Delta y - n\Delta y)]$ 表示 $q\Delta z$ 平面处菲涅耳变换核 $I_{Hq\Delta z}(m\Delta x, n\Delta y)$ 的离散傅里叶变换。$W=\left[I_1, I_2, \cdots, I_{N_z}\right]$，其中 $I_j(j=1, 2, \cdots, N_z)$ 为 $(N_x \times N_y) \times (N_x \times N_y)$ 单位矩阵，对应为式中对 q 求和，其物理含义是全息图像为离散目标空间内各个平面的衍射图案之和。T_{2D} 大小为 $(N_x \times N_y) \times (N_x \times N_y)$，表示二维离散傅里叶逆变换。$H = T_{2D}WQB$，大小为 $(N_x \times N_y) \times (N_x \times N_y \times N_z)$。

由于被测物体与背景之间的差别较大，在被测物体边缘处具有较大的灰度梯度，可以采用全变分（total variation，TV），得到整个空间内梯度的 l_1 范数，式（3-43）的解为

$$\hat{O}' = \arg\min_{O \in R^{(N_x \times N_y N_z)}} \left\|O'\right\|_{TV} = \arg\min_{O \in R^{(N_x \times N_y N_z)}} \left\|\nabla O'\right\|_{l_1} \quad \text{s.t.} \quad I' = HO' \qquad (3-44)$$

其中，$\left\|\nabla O'\right\|_{l_1} = \sum\limits_{q=1}^{N_z} \sum\limits_{n=1}^{N_y-1} \sum\limits_{m=1}^{N_x-1} \sqrt{[O_q'(m+1, n) - O_q'(m, n)]^2 + [O_q'(m, n+1) - O_q'(m, n)]^2}$。

通过优化求解，可以得到 $\hat{O}'$，从而实现全息重建。

3.7　本章小结

本小节就本章所提及的各种重建方法做小结，各重建方法的特点及算法归纳见表 3-1。

表 3-1　各类全息重建方法总结对比

方法名称	全息重建方法总结
卷积重建方法	该方法利用复振幅传播的脉冲响应函数重建全息图，包括两次傅里叶变换和一次傅里叶逆变换，该方法在较远的距离时仍然能够符合采样定理，取得较好的重建效果 $$\mathcal{F}^{-1}\left\{(RI_H) \otimes g(u, v, z_r)\right\}$$ $$g(u, v, z_r) = \frac{i}{\lambda} \frac{\exp\left(-i\frac{2\pi}{\lambda}\sqrt{u^2+v^2+z_r^2}\right)}{\sqrt{u^2+v^2+z_r^2}}$$
角谱重建方法	该方法利用复振幅光学传递函数重建全息图，包含傅里叶正逆变换各一次，适用于近距离全息重建 $$\mathcal{F}^{-1}\left\{\mathcal{F}\{RI_H\} \cdot G\right\}$$ $$G = \exp\left\{-i\frac{2\pi z_r}{\lambda}\sqrt{1 - \left[\frac{\lambda(p-N_x/2)}{N_x\Delta x}\right]^2 - \left[\frac{\lambda(q-N_y/2)}{N_y\Delta y}\right]^2}\right\}$$

续表

方法名称	全息重建方法总结

菲涅耳近似重建方法

该方法采用一次傅里叶变换重建全息图，适用于菲涅耳近似成立时的全息图重建，重建图的尺寸随重建距离变化

$$\mathcal{F}^{-1}\left\{\mathcal{F}\left\{RI_{\mathrm{H}}\right\}\cdot\mathcal{F}\left\{G\right\}\right\}$$

$$G=\exp\left\{\frac{\mathrm{i}\pi}{\lambda z_r}\left[\left(p-N_x/2\right)^2\Delta x^2+\left(q-N_y/2\right)^2\Delta y^2\right]\right\}$$

小波重建法

该方法具有信噪比高、图像背景均匀、多尺度重建等优点，根据不同的小波构建方法，可以形成不同的小波重建方法

$$\mathcal{F}^{-1}\left\{1-I_{\mathrm{H}}\otimes\cdot G\right\}$$

$$G(n,m)=\exp\left\{\mathrm{i}\pi d'\left[\frac{2}{\lambda}-\lambda\left(\frac{n}{N\Delta x}+\frac{N\Delta x}{2d'\lambda}\right)^2-\lambda\left(\frac{m}{N\Delta y}+\frac{N\Delta y}{2d'\lambda}\right)^2\right]\right\}$$

$$G=\frac{1}{\alpha^2}\left[\sin\left(\frac{x^2+y^2}{\alpha^2}\right)-M_\psi\right]\exp\left(-\frac{x^2+y^2}{\alpha^2\sigma^2}\right)$$

分数傅里叶变换重建方法

该方法适用于具有像散的全息图重建，如透明圆管内的全息图处理

$$\mathcal{F}^P\left\{RI_{\mathrm{H}}\right\}$$

$$I_{\mathrm{H}}(x_\alpha,y_\alpha)=\mathcal{F}^p\left\{I_{\mathrm{H}}(x,y)\right\}_{(x_\alpha,y_\alpha)}$$

$$=C_\alpha^2\iint\exp\left(-\mathrm{i}\frac{\pi(x^2+y^2)}{\lambda z}\right)\exp\left(\mathrm{i}\frac{\pi(x^2+y^2)}{\lambda f_1\tan\alpha}\right)$$

$$\cdot\exp\left(\mathrm{i}\frac{\pi(x_\alpha^2+y_\alpha^2)}{\lambda f_1\tan\alpha}\right)\exp\left(-\mathrm{i}\frac{2\pi(x_\alpha x+y_\alpha y)}{\lambda f_1\sin\alpha}\right)\mathrm{d}x\mathrm{d}y$$

物体稀疏重建法

该方法基于压缩感知算法，相比于传统的全息重建方法，它对数据处理的要求大大提高、数据处理量大大增加，但很大程度上降低了初始的数据采集量；同时该方法能够较好地抑制同轴全息成像中存在的零级像和孪生像

$$\hat{O}'=\arg\min_{O\in R^{(N_x\times N_y N_z)}}\|O'\|_{TV}=\arg\min_{O\in R^{(N_x\times N_y N_z)}}\|\nabla O'\|_{l_1}\quad\text{s.t.}\quad I'=HO'$$

此外，除了本章所介绍的上述几种主要的数字全息重建方法之外，还有一些其他的重建算法以及优化算法，在此不一一列举。

参 考 文 献

[1] Kreis T. Digital Recording and Numerical Reconstruction of Wave Fields. Handbook of Holographic Interferometry. Weinheim: Wiley-VCH Verlag GmbH & Co. KGaA, 2005: 81-183.

[2] Wu X C, Wu Y C, Yang J, et al. Modified convolution method to reconstruct particle hologram with an elliptical Gaussian beam illumination. Optics. Express, 2013, (21): 12803-12814.

[3] De Nicola S, Ferraro P, Finizio A, et al. Correct-image reconstruction in the presence of severe anamorphism by means of digital holography. Optics Letters, 2001, (26): 974-976.

[4] Lebrun D, Belad S, Zkul C. Hologram reconstruction by use of optical wavelet transform. Applied Optics, 1999, (38): 3730-3734.

[5] Liebling M, Blu T, Unser M. Fresnelets: New multiresolution wavelet bases for digital holography. IEEE Transactions on Image Processing, 2003, (12): 29-43.

[6] Remacha C, Coëtmellec S, Brunel M, et al. Extended wavelet transformation to digital holographic reconstruction: application to the elliptical, astigmatic Gaussian beams. Applied Optics, 2013, (52): 838-848.

[7] Wu X, Wu Y, Zhou B, et al. Asymmetric wavelet reconstruction of particle hologram with an elliptical Gaussian beam illumination. Applied Optics, 2013, (52): 5065-5071.

[8] Coëtmellec S, Lebrun D, Özkul C. Characterization of diffraction patterns directly from in-line holograms with the fractional Fourier transform. Applied Optics, 2002, (41): 312-319.

[9] Coëtmellec S, Lebrun D, Özkul C. Application of the two-dimensional fractional-order Fourier transformation to particle field digital holography. Journal of the Optical Society of America A, 2002, (19): 1537-1546.

[10] Nicolas F, Coëtmellec S, Brunel M, et al. Application of the fractional Fourier transformation to digital holography recorded by an elliptical, astigmatic Gaussian beam. Journal of the Optical Society of America A, 2005, (22): 2569-2577.

[11] Zhang Y, Pedrini G, Osten W, et al. Applications of fractional transforms to object reconstruction from in-line holograms. Optics Letters, 2004, (29): 1793-1795.

[12] Stern A, Rivenson Y, Javidi B. Efficient compressive Fresnel holography. 2010 9th Euro-American Workshop on Information Optics, IEEE, 2010: 1-2.

[13] Brady D J, Choi K, Marks D L, et al. Compressive holography. Optics Express, 2009, (17): 13040-13049.

[14] Rivenson Y, Stern A, Javidi B. Compressive fresnel holography. Journal of Display Technology, 2010, (6): 506-509.

[15] Onural L. Diffraction from a wavelet point of view. Optics Letters, 1993, (18): 846.

[16] Malek M, Coetmellec S, Allano D, et al. Formulation of in-line holography process by a linear shift invariant system: Application to the measurement of fiber diameter. Optics Communications, 2003, (223): 263-271.

[17] Coëtmellec S, Verrier N, Brunel M, et al. General formulation of digital in-line holography from correlation with a chirplet function. Journal European Optical Society-Rapid Publications, 2010, (5): 10027.

[18] 冉启文, 谭立英. 分数傅里叶光学导论. 北京: 科学出版社, 2004.

[19] 陶然, 邓兵, 王越. 分数阶傅里叶变换及其应用. 北京: 清华大学出版社, 2009.

[20] 杨文涛. 分数傅里叶变换在数字图像处理中的应用研究. 武汉: 华中科技大学, 2007.

[21] Donoho D L. Compressed sensing. IEEE Transactions on Information Theory, 2006, (52): 1289-1306.

[22] Rivenson Y, Stern A, Javidi B J A O. Overview of compressive sensing techniques applied in holography. Applied Optics, 2013, (52): A423-A432.

[23] Denis L, Lorenz D, Thiébaut E, et al. Inline hologram reconstruction with sparsity constraints. Optics Letters, 2009, (34): 3475-3477.

[24] Marim M M, Atlan M, Angelini E, et al. Compressed sensing with off-axis frequency-shifting holography. Optics Letters, 2010, (35): 871-873.

[25] Marim M M, Atlan M, Angelini E D, et al. Compressed sensing for digital holographic microscopy. 2010 IEEE International Symposium on Biomedical Imaging: From Nano to Macro, 2010: 684-687.

第 4 章　颗粒全息理论与模型

颗粒全息图是颗粒在激光的照射下在记录介质上形成的全息干涉图案，它和颗粒与激光之间的相互作用、物光与参考光在光学系统中的传播过程直接相关，深入了解这两个物理过程是建立颗粒全息图模型的关键，也是进行数字颗粒全息三维重建与测量的基础。本章主要介绍基于光散射理论和光衍射理论的颗粒全息理论模型，为颗粒全息图的数值模拟、三维重建及颗粒参数实验测量奠定理论基础。

4.1　颗粒全息的光散射理论

当激光照射颗粒场时，传播到相机靶面的光场 U 可以分为两部分：被颗粒散射的物光 O、不与颗粒作用的直接透射参考光 R。物光 O 与参考光 R 相互干涉形成颗粒全息条纹，被相机记录为数字全息图：

$$I_{\mathrm{H}} = |O+R|^2 = O^*O + R^*R + OR^* + O^*R = I_{\mathrm{O}} + I_{\mathrm{R}} + OR^* + O^*R \qquad (4\text{-}1)$$

本节将主要阐述基于光散射理论的全息模型，介绍颗粒在平面波和高斯波照射下的散射理论：洛伦兹-米理论（LMT）、广义洛伦兹-米理论（GLMT）、德拜级数展开以及傅里叶变换光散射理论。

4.1.1　高斯光束下广义洛伦兹-米散射模型

洛伦兹-米理论描述了均匀介质球形颗粒对平面电磁波的散射现象，它是处于均匀介质中的各向同性均匀颗粒在单色平面波照射下的麦克斯韦方程边界条件的严格数学解。随着激光技术的发展，光学实验中多采用激光作为光源。颗粒全息中，照射颗粒场的激光束也通常为高斯波束。Gouesbet 等提出的广义洛伦兹-米理论，从理论上比较系统地解决了均匀球形颗粒对有形波束的散射问题，可以解释球形均匀颗粒与有形高斯波束的相互作用形成的颗粒全息[1-3]。

如图 4-1(a) 所示，建立笛卡儿坐标系 $(Oxyz)$ 及与之对应的球坐标系 (r,θ,φ)。束腰半径在 x、y 方向上分别是 ω_{x0}、ω_{y0} 的椭圆激光波束沿 z 轴传播，照射位于 (x_p, y_p, z_p) 的颗粒，相机位于 $(r_c, \theta_c, \varphi_c)$。则颗粒对激光的散射光场（物光 O） $E_{\mathrm{sca}} = (E_r, E_\theta, E_\varphi)$，$H_{\mathrm{sca}} = (H_r, H_\theta, H_\varphi)$ 为

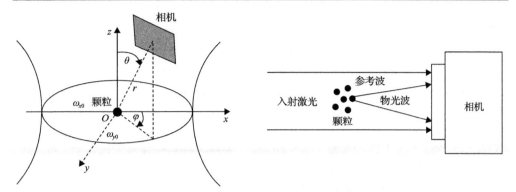

(a) 椭圆激光波束下颗粒全息示意图　　　　　　　　(b) 颗粒同轴全息示意图

图 4-1　数字颗粒全息示意图

$$E_r = -kE_0 \sum_{n=1}^{\infty} \sum_{m=-n}^{+n} c_n^{pw} a_n g_{n,\mathrm{TM}}^m \left[\xi_n''(kr) + \xi_n(kr) \right] P_n^{|m|}(\cos\theta) \exp(im\varphi) \tag{4-2}$$

$$E_\theta = -\frac{E_0}{r} \sum_{n=1}^{\infty} \sum_{m=-n}^{+n} c_n^{pw} \left[a_n g_{n,\mathrm{TM}}^m \xi_n'(kr) \tau_n^{|m|}(\cos\theta) + m b_n g_{n,\mathrm{TE}}^m \xi_n(kr) \pi_n^{|m|}(\cos\theta) \right] \exp(im\varphi) \tag{4-3}$$

$$E_\varphi = -\frac{iE_0}{r} \sum_{n=1}^{\infty} \sum_{m=-n}^{+n} c_n^{pw} \left[m a_n g_{n,\mathrm{TM}}^m \xi_n'(kr) \pi_n^{|m|}(\cos\theta) + b_n g_{n,\mathrm{TE}}^m \xi_n(kr) \tau_n^{|m|}(\cos\theta) \right] \exp(im\varphi) \tag{4-4}$$

$$H_r = -kH_0 \sum_{n=1}^{\infty} \sum_{m=-n}^{+n} c_n^{pw} b_n g_{n,\mathrm{TE}}^m \left[\xi_n'(kr) + \xi_n(kr) \right] P_n^{|m|}(\cos\theta) \exp(im\varphi) \tag{4-5}$$

$$H_\theta = \frac{H_0}{r} \sum_{n=1}^{\infty} \sum_{m=-n}^{+n} c_n^{pw} \left[m a_n g_{n,\mathrm{TM}}^m \xi_n(kr) \pi_n^{|m|}(\cos\theta) - b_n g_{n,\mathrm{TE}}^m \xi_n'(kr) \tau_n^{|m|}(\cos\theta) \right] \exp(im\varphi) \tag{4-6}$$

$$H_\varphi = \frac{iH_0}{r} \sum_{n=1}^{\infty} \sum_{m=-n}^{+n} c_n^{pw} \left[a_n g_{n,\mathrm{TM}}^m \xi_n(kr) \tau_n^{|m|}(\cos\theta) - m b_n g_{n,\mathrm{TE}}^m \xi_n'(kr) \pi_n^{|m|}(\cos\theta) \right] \exp(im\varphi) \tag{4-7}$$

其中

$$c_n^{pw} = \frac{1}{ik} (-1)^n \frac{2n+1}{n(n+1)} \tag{4-8}$$

a_n、b_n 表示米散射系数：

$$a_n = \frac{\psi_n(\alpha)\psi_n'(m_r\alpha) - m\psi_n'(m_r\alpha)\psi_n(\alpha)}{\xi_n(\alpha)\psi_n'(m_r\alpha) - m\xi_n'(m_r\alpha)\psi_n(\alpha)}$$

$$b_n = \frac{m_r\psi_n(\alpha)\psi_n'(m_r\alpha) - \psi_n'(m_r\alpha)\psi_n(\alpha)}{m_r\xi_n(\alpha)\psi_n'(m_r\alpha) - \xi_n'(m_r\alpha)\psi_n(\alpha)}$$

$$(4-9)$$

式中，α 表示无因次粒径参量，$\alpha = \pi d / \lambda$，λ 为入射光在介质中的波长；m_r 为颗粒相对周围介质的相对折射率，$m_r = m_2/m_1$，m_2 和 m_1 分别为颗粒折射率和周围介质折射率，在常温常压空气介质中，空气折射率通常为 1。$\psi_n(x)$ 和 $\xi_n(x)$ 分别表示第一类和第三类 Riccatti-Bessel 函数：

$$\psi_n(x) = \sqrt{\frac{\pi x}{2}} J_{n+\frac{1}{2}}(x) \tag{4-10}$$

$$\xi_n(x) = \sqrt{\frac{\pi x}{2}} H^{(1)}_{n+\frac{1}{2}}(x) \tag{4-11}$$

其中，$J(x)$ 表示 Bessel 函数；$H^{(1)}(x)$ 表示第一类 Hankel 函数。$\pi_n^{|m|}(\cos\theta)$、$\tau_n^{|m|}(\cos\theta)$（散射角函数）是广义 Legendre 函数：

$$\tau_n^k(\cos\theta) = \frac{P_n^k(\cos\theta)}{\sin\theta} \tag{4-12}$$

$$\pi_n^k(\cos\theta) = \frac{\mathrm{d}}{\mathrm{d}\theta} P_n^k(\cos\theta) \tag{4-13}$$

注意在广义洛伦兹-米理论中，τ_n^1 和 π_n^1 等于洛伦兹-米理论中的 τ_n 和 π_n。其中，$P_n^k(\cos\theta)$ 是连带 Legendre 函数：

$$P_n^k(\cos\theta) = (-1)^k (\sin\theta)^k \frac{\mathrm{d}^k P_n(\cos\theta)}{(\mathrm{d}\cos\theta)^k} \tag{4-14}$$

而 $P_n(x)$ 是 Legendre 多项式，$P_n(x) = P_n^0(x) = \frac{1}{2^n n!} \frac{\mathrm{d}^n}{\mathrm{d}x^n}(x^2-1)^n$。注意在洛伦兹-米理论中的 P_n 等于广义洛伦兹-米理论中的 P_n^0 而非 P_n^1。$\xi_n'(kr)$ 和 $\xi_n''(kr)$ 分别为 Riccatti-Bessel 函数的一阶、二阶导数。$g_{n,\mathrm{TM}}^m$、$g_{n,\mathrm{TE}}^m$ 是描述入射波特性的两组系数，称为波束因子。在处理某一种波束的散射问题时，关键在于能否快速准确地计算其波束因子。对于高斯波束，其波束因子为

$$g_{n,\mathrm{TM}}^{m} = \frac{(2n+1)^2}{2\pi^2 n(n+1)c_n^{pw}} \frac{(n-|m|)!}{(n+|m|)!} \int_0^\pi \int_0^{2\pi} \int_0^\infty \left[\begin{array}{c} \dfrac{E(r,\theta,\varphi)}{E_0} r \Psi_n^{(1)}(kr) \\ \cdot \mathrm{P}_n^{|m|}(\cos\theta)\exp(-\mathrm{i}m\varphi)\sin\theta \end{array} \right] \mathrm{d}\theta\mathrm{d}\varphi\mathrm{d}(kr)$$

$$(4\text{-}15)$$

$$g_{n,\mathrm{TE}}^{m} = \frac{(2n+1)^2}{2\pi^2 n(n+1)c_n^{pw}} \frac{(n-|m|)!}{(n+|m|)!} \int_0^\pi \int_0^{2\pi} \int_0^\infty \left[\begin{array}{c} \dfrac{H(r,\theta,\varphi)}{E_0} r \Psi_n^{(1)}(kr) \\ \cdot \mathrm{P}_n^{|m|}(\cos\theta)\exp(-\mathrm{i}m\varphi)\sin\theta \end{array} \right] \mathrm{d}\theta\mathrm{d}\varphi\mathrm{d}(kr)$$

$$(4\text{-}16)$$

其中

$$\Psi_n^{(1)} = \sqrt{\frac{\pi}{2x}} J_{n+\frac{1}{2}}(x) \tag{4-17}$$

很多情况下，颗粒与相机距离远远大于颗粒粒径及激光波长，此时的散射场称为远场，可以对其进行近似处理。Riccatti-Bessel 函数存在近似表达式，$\xi_n(kr) \to \mathrm{i}^{n+1}\exp(-\mathrm{i}kr)$ 及关系式 $\xi_n''(kr) + \xi_n(kr) = 0$，因而 $E_r = H_r = 0$，而 E_θ 和 E_φ 则可以近似为

$$E_\theta = \frac{\mathrm{i}E_0}{kr}\exp(-\mathrm{i}kr)S_2 \tag{4-18}$$

$$E_\varphi = -\frac{E_0}{kr}\exp(-\mathrm{i}kr)S_1 \tag{4-19}$$

其中，S_1 和 S_2 表示广义振幅函数：

$$S_1 = \sum_{n=1}^\infty \sum_{m=-n}^{+n} \frac{2n+1}{n(n+1)} \left[m a_n g_{n,\mathrm{TM}}^m \xi_n'(kr)\pi_n^{|m|}(\cos\theta) + b_n g_{n,\mathrm{TE}}^m \xi_n(kr)\tau_n^{|m|}(\cos\theta) \right] \exp(\mathrm{i}m\varphi)$$

$$(4\text{-}20)$$

$$S_2 = \sum_{n=1}^\infty \sum_{m=-n}^{+n} \frac{2n+1}{n(n+1)} \left[a_n g_{n,\mathrm{TM}}^m \xi_n'(kr)\tau_n^{|m|}(\cos\theta) + m b_n g_{n,\mathrm{TE}}^m \xi_n(kr)\pi_n^{|m|}(\cos\theta) \right] \exp(\mathrm{i}m\varphi)$$

$$(4\text{-}21)$$

4.1.2　平面波下颗粒光散射模型

图 4-1 (a) 中，当激光波束半径远大于颗粒粒径时，波束可以近似为平面波。

平面波可以表示为

$$E(r,\theta) = E_0 \sin\theta \exp\left[-\mathrm{i}k(r\cos\theta - z_0)\right]\exp(-\mathrm{i}kz_0) \tag{4-22}$$

为了方便，其中常数相位项 $\exp(-\mathrm{i}kz_0)$ 可以忽略。此时当 $|m| \neq 1$ 时，波束系数 $g_n^m \to 0$，$g_{n,\mathrm{TM}}^1 = g_{n,\mathrm{TM}}^{-1} \to \dfrac{1}{2}\exp(\mathrm{i}kz_0)$，$g_{n,\mathrm{TE}}^1 = -g_{n,\mathrm{TE}}^{-1} \to -\dfrac{\mathrm{i}}{2}\exp(\mathrm{i}kz_0)$。此时，广义米散射退化为米散射，颗粒散射可以基于洛伦兹-米理论来描述[4, 5]：

$$E_r = -kE_0 \sum_{n=1}^{\infty}\sum_{m=-n}^{m=+n} c_n^{pw} a_n \left[\xi_n''(kr) + \xi_n(kr)\right]\mathrm{P}_n^{|m|}(\cos\theta)\exp(\mathrm{i}m\varphi) \tag{4-23}$$

$$E_\theta = -\frac{E_0}{r}\sum_{n=1}^{\infty}\sum_{m=-n}^{+n} c_n^{pw}\left[a_n\xi_n'(kr)\tau_n^{|m|}(\cos\theta) + mb_n\xi_n(kr)\pi_n^{|m|}(\cos\theta)\right]\exp(\mathrm{i}m\varphi) \tag{4-24}$$

$$E_\varphi = -\frac{\mathrm{i}E_0}{r}\sum_{n=1}^{\infty}\sum_{m=-n}^{+n} c_n^{pw}\left[ma_n\xi_n'(kr)\pi_n^{|m|}(\cos\theta) + b_n\xi_n(kr)\tau_n^{|m|}(\cos\theta)\right]\exp(\mathrm{i}m\varphi) \tag{4-25}$$

$$H_r = -kH_0 \sum_{n=1}^{\infty}\sum_{m=-n}^{+n} c_n^{pw} b_n \left[\xi_n'(kr) + \xi_n(kr)\right]\mathrm{P}_n^{|m|}(\cos\theta)\exp(\mathrm{i}m\varphi) \tag{4-26}$$

$$H_\theta = \frac{H_0}{r}\sum_{n=1}^{\infty}\sum_{m=-n}^{+n} c_n^{pw}\left[ma_n\xi_n(kr)\pi_n^{|m|}(\cos\theta) - b_n\xi_n'(kr)\tau_n^{|m|}(\cos\theta)\right]\exp(\mathrm{i}m\varphi) \tag{4-27}$$

$$H_\varphi = \frac{\mathrm{i}H_0}{r}\sum_{n=1}^{\infty}\sum_{m=-n}^{+n} c_n^{pw}\left[a_n\xi_n(kr)\tau_n^{|m|}(\cos\theta) - mb_n\xi_n'(kr)\pi_n^{|m|}(\cos\theta)\right]\exp(\mathrm{i}m\varphi) \tag{4-28}$$

如同广义洛伦兹-米理论所述，当颗粒距离相机较远时，散射场为远场，$E_r = H_r = 0$，E_θ 和 E_φ 则可以近似为

$$E_\varphi = -\frac{\mathrm{i}\exp(\mathrm{i}kr)}{kr}S_1(\theta)\sin\varphi \tag{4-29}$$

$$E_\theta = \frac{\mathrm{i}\exp(\mathrm{i}kr)}{kr}S_2(\theta)\cos\varphi \tag{4-30}$$

其中，振幅函数 $S_1(\theta)$ 和 $S_2(\theta)$ 为

$$S_1(\theta) = \sum_{n=1}^{\infty}\frac{2n+1}{n(n+1)}[a_n\pi_n(\cos\theta) + \mathrm{i}b_n\tau_n(\cos\theta)] \tag{4-31}$$

$$S_2(\theta) = \sum_{n=1}^{\infty} \frac{2n+1}{n(n+1)}[a_n\tau_n(\cos\theta) + \mathrm{i}b_n\pi_n(\cos\theta)] \tag{4-32}$$

其他参数的计算可参照上一小节。

令颗粒对高斯光的散射系数为

$$A_n^m = a_n g_{n,\mathrm{TM}}^m, \quad B_n^m = b_n g_{n,\mathrm{TE}}^m \tag{4-33}$$

从两者的散射公式可以看出，颗粒对高斯波束散射公式与平面波远场散射公式的形式完全相同，区别在于散射系数 A_n 和 B_n 不仅与平面波散射系数 a_n 和 b_n 有关，还与描述高斯波束的关键系数波束因子 g_n^m 有关。此外，由于颗粒散射系数 a_n 和 b_n 仅与颗粒本身的折射率、尺寸参量及周围介质的折射率有关，而与波束因子无直接关系，两者是相互独立的，可以分别进行计算。

在远场散射中，随着无因次粒径参数 $\alpha = \pi d / \lambda$ 的增大，散射光逐渐呈现向前集中的趋势，前向散射光主要是由颗粒衍射引起的衍射散射光。衍射只与颗粒粒径（对于球形不透明颗粒而言）有关，而与颗粒折射率无关。若颗粒折射率 $m \gg 1$，则颗粒散射系数 a_n、b_n 可以近似为：$\begin{cases} a_n = b_n = 0.5, n < \alpha \\ a_n = b_n = 0, n \geqslant \alpha \end{cases}$。代入平面波颗粒散射公式可求得散射光强为

$$I_s(\theta) = \frac{\lambda^2}{4\pi^2 r^2} I_0 \alpha^4 \left[\frac{\mathrm{J}_1(\alpha\theta)}{\alpha\theta}\right]^2 \tag{4-34}$$

此即为颗粒的夫琅禾费衍射光强，表明颗粒同轴全息在远场时物光主要是颗粒衍射光。

4.1.3　基于德拜级数的颗粒散射模型

米散射理论虽然给出了计算颗粒散射的精确解，但却是一个无限求和的级数，在公式上为 Bessel 函数、Hankel 函数和 Legendre 函数的复杂组合，缺乏明确的物理意义，不能给出散射的明确物理解释。德拜级数将米散射系数中的每一项写成另一种分级的无穷级数，将全局散射过程分解成区域散射（表面相互作用，即反射和透射）的级数形式，由此给出了散射过程的物理解释，这些解释对于研究颗粒的电磁散射特性具有十分重要的作用。

图 4-2 在颗粒同轴全息中，物光为颗粒的前向散射光，参考光即为入射光束。在离轴（侧向）时，如图 4-2(a) 所示，物光为颗粒的侧向散射光，参考光可以任意给定。

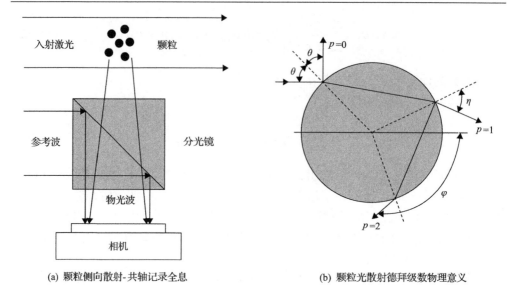

(a) 颗粒侧向散射-共轴记录全息　　　　(b) 颗粒光散射德拜级数物理意义

图 4-2 德拜级数的颗粒全息

对于球形颗粒，半径为 d，折射率为 m_1，置于折射率为 m_2 的媒介中，当波长为 λ 的波入射到球形颗粒上时，米散射系数 a_n 和 b_n 可以用德拜级数展开为

$$\left.\begin{array}{c} a_n^p \\ b_n^p \end{array}\right\} = \frac{1}{2}\left\{1 - R_n^{212} - \sum_{p=1}^{\infty} T_n^{21}(R_n^{121})^{p-1} T_n^{12}\right\} = \frac{1}{2}\{1 - S_n\} \tag{4-35}$$

其中，p 定义为：当 $p=0$ 时表示被球形颗粒表面直接反射的波，当 $p=1$ 时表示透射入颗粒后直接透射出颗粒的波，当 $p \geqslant 2$ 时表示透射入颗粒后经过 $p-1$ 次内表面反射后透射出颗粒的波；T_n^{21} 和 T_n^{12} 分别表示从颗粒外部透射入颗粒内部和从内部透射到外部的透射系数；R_n^{212} 和 R_n^{121} 分别表示从外部入射后在分界面上反射回外部和从内部入射后在分界面上反射回内部的反射系数。这四个部分可以看作描述平面分界面的反射系数和透射系数的推广，因此也被称为菲涅耳系数。它们的公式如下：

$$T_n^{21} = -\frac{m_1}{m_2}\frac{2\mathrm{i}}{D_n^1} \tag{4-36}$$

$$R_n^{212} = \frac{\alpha\xi_n^{(2)'}(m_2 k\alpha)\xi_n^{(2)}(m_1 k\alpha) - \beta\xi_n^{(2)}(m_2 k\alpha)\xi_n^{(2)'}(m_1 k\alpha)}{D_n^1} \tag{4-37}$$

$$T_n^{12} = -\frac{2\mathrm{i}}{D_n^1} \tag{4-38}$$

$$R_n^{121} = \frac{\alpha \xi_n^{(1)\prime}(m_2 k \alpha) \xi_n^{(1)}(m_1 k \alpha) - \beta \xi_n^{(1)}(m_2 k \alpha) \xi_n^{(1)\prime}(m_1 k \alpha)}{D_n^1} \tag{4-39}$$

当颗粒半径趋于无穷($a \rightarrow \infty$)时，这些系数就退化为平面波垂直入射到平面分界面时的标准菲涅耳系数：

$$R_n^{121} \rightarrow \frac{m_r - 1}{m_r + 1}, \quad T_n^{12} \rightarrow \frac{2 m_r}{m_r + 1} \tag{4-40}$$

且 $R_n^{212} = -R_n^{121}$，$T_n^{21} = T_n^{12}$，其中，m_r 表示颗粒相对环境折射率。

德拜级数其实是将米散射系数展开成了球表面反射系数和透射系数的无穷级数之和。由于这些反射和透射系数有明确的物理意义，因此德拜级数展开式中的每一项也有了明确的物理意义。其中第一项 $(1/2)$ 表示颗粒对入射波的衍射效应，一般记为 $p = -1$；$(-R_l^{212}/2)$ 项表示在球形颗粒外表面的反射波，对应为 $p = 0$；第三项 $\dfrac{T_n^{21}(R_n^{121})^{p-1} T_n^{12}}{2}$ 是一个几何级数的无穷和，级数中的每一项对应于透射入球形颗粒、经过 $(p-1)$ 次内表面反射然后透射出球形颗粒的那一部分波。

如此，德拜级数也就从物理上给出了散射现象明确的物理解释。侧向散射光中的衍射光、反射光($p=0$)、透射光($p=1$)以及不同阶次的折射光($p \geqslant 2$)，当对 p 从 1 到 ∞ 求和时，所得结果与米散射系数结果一致。

光散射对颗粒全息图的作用也可以用洛伦兹-米理论的德拜级数来研究[3, 6]。

4.1.4　傅里叶变换光散射理论

米散射理论是各向同性均匀介质球体对平面波散射的精确解，是散射规律最基础的理论。而在实际应用中，真实颗粒多是各向异性不均匀的不规则颗粒，因此需要建立真实颗粒下的光散射模型。由于光的传播是一种线性现象，可以用近似方法把非均匀波构造成许多平面波的叠加。在时间序列分析中，傅里叶变换是在时域和频域间进行的，可以通过对空间中的非均匀波进行二维傅里叶变换得到波数域的振幅及相位信息。各项独立的光谱系数代表一个均匀的平面波。这样就把非均匀波分解成多个均匀的平面波，每束平面波对散射场的影响可以用几何光学或洛伦兹-米散射理论来确定，叠加得到整个光散射场。本节将举例说明如何将洛伦兹-米理论推广到傅里叶洛伦兹-米散射理论。

洛伦兹-米散射公式中的参数(l, m)可以用于计算分解的各平面波对光散射强度的影响，然后对各平面波的所有散射分量求和。通常，对于各部分平面波，入射波矢量、颗粒和接收器位置之间的几何关系是不同的，相位与变换平面 r_T 的原点有关。光散射场的强度 $\underline{E}_p(l, m)$ 表示为

$$\underline{E}_p(l,m) = \underline{E}(l,m)\exp\left[-\mathrm{i}k(l,m)\cdot(\boldsymbol{r}_{0p}-\boldsymbol{r}_T)\right] \tag{4-41}$$

其中，光场强度 $\underline{E}_p(l,m)$ 包含了每个入射平面波的偏振，其垂直于传播方向的平面波偏振分量可以用式(4-42)表示。

$$
\begin{aligned}
\underline{E}_{wp}(l,m) &= \begin{bmatrix} \dfrac{n}{\sqrt{1-m^2}} & 0 & -\dfrac{l}{\sqrt{1-m^2}} \\[3mm] -\dfrac{ml}{\sqrt{1-m^2}} & \sqrt{1-m^2} & -\dfrac{mn}{\sqrt{1-m^2}} \end{bmatrix} \underline{E}_p(l,m) \\[3mm]
&= \begin{bmatrix} \dfrac{\sqrt{1-m^2}}{n} & \dfrac{ml}{n\sqrt{1-m^2}} \\[3mm] 0 & \dfrac{1}{\sqrt{1-m^2}} \end{bmatrix} \begin{bmatrix} \underline{P} \\[2mm] \underline{Q} \end{bmatrix} \\[3mm]
&= M_w E_{2D}\exp\left[-\mathrm{i}k(l,m)\cdot(r_{0p}-r_T)\right]
\end{aligned} \tag{4-42}
$$

从而得到与散射平面垂直和平行的分量为

$$\underline{E}_{\mathrm{LMT}}(l,m) = \begin{bmatrix} -\sin\varphi_s(l,m) & \cos\varphi_s(l,m) \\ \cos\varphi_s(l,m) & \sin\varphi_s(l,m) \end{bmatrix} \underline{E}_{wp}(l,m) = M_\varphi \underline{E}_{wp}(l,m) \tag{4-43}$$

散射公式用散射角 ϑ_s 表示，其与 l 和 m 相关。

$$\underline{S}_1\left[\vartheta_s(l,m)\right] = \sum_{n=1}^{\infty} \underline{a}_n \pi_n\left[\vartheta_s(l,m)\right] + \underline{b}_n \tau_n\left[\vartheta_s(l,m)\right] \tag{4-44}$$

$$\underline{S}_2\left[\vartheta_s(l,m)\right] = \sum_{n=1}^{\infty} \underline{a}_n \tau_n\left[\vartheta_s(l,m)\right] + \underline{b}_n \pi_n\left[\vartheta_s(l,m)\right] \tag{4-45}$$

则各平面波在远场的散射场可表示为

$$\underline{E}_{\mathrm{scw}}(l,m) = \frac{\exp(-\mathrm{i}k_w r_{pr})}{k_w r_{pr}} \begin{bmatrix} \underline{S}_1\left[\vartheta_s(l,m)\right] & 0 \\ 0 & \underline{S}_2\left[\vartheta_s(l,m)\right] \end{bmatrix} \underline{E}_{\mathrm{LMT}}(l,m) \tag{4-46}$$

然后通过对所有散射平面波进行积分或求和得到非均匀波的散射场。它对应于从像平面到物平面的傅里叶逆变换。

$$E_{sr} = \int_{-\infty}^{\infty} \int_{-\infty}^{\infty} \underline{E}_{\mathrm{scw}}(l,m)\,\mathrm{d}l\mathrm{d}m \tag{4-47}$$

其对应颗粒散射光通过式(4-1)形成颗粒全息复振幅分布。

4.1.5　光散射颗粒全息模型

根据上述颗粒光散射模型，可以计算出单个颗粒的散射光场 $E_{\mathrm{sca}}^p = (E_r^p, E_\theta^p,$ $E_\varphi^p)$ 和 $H_{\mathrm{sca}}^p = (H_r^p, H_\theta^p, H_\varphi^p)$。同时，当颗粒场中存在多个颗粒时，可以将颗粒的散射光场叠加，获得所有颗粒叠加散射光场 $E_{\mathrm{sca}}^{\mathrm{tot}} = \sum_p E_{\mathrm{sca}}^p$ 和 $H_{\mathrm{sca}}^{\mathrm{tot}} = \sum_p H_{\mathrm{sca}}^p$。该光场即为形成颗粒全息图的物光 O。根据全息原理，将颗粒叠加散射光与参考光叠加干涉，计算干涉光场的坡印亭矢量：

$$S = \frac{1}{2} \mathrm{Re}\Big[(E_{\mathrm{ref}} + E_{\mathrm{sca}}^{\mathrm{tot}})(H_{\mathrm{ref}} + H_{\mathrm{sca}}^{\mathrm{tot}})^* \Big] \tag{4-48}$$

该模型即为光散射理论的颗粒全息模型，其中，E_{ref}、H_{ref} 表示参考光的电矢量、磁场量。

通常情况下，对于入射的高斯波束，若其波形因子非常小，那么在实际问题处理当中也可以对其进行一定的近似处理[1, 7]，那么其各个分量在 xyz 坐标中可以表述为

$$E_x = E_0 \psi_0 \exp\big[-\mathrm{i}k(z - z_0)\big] \tag{4-49}$$

$$E_y = 0 \tag{4-50}$$

$$E_z = -\frac{2Q}{l}(x - x_0)E_x \tag{4-51}$$

$$H_x = 0 \tag{4-52}$$

$$H_y = H_0 \psi_0 \exp\big[-\mathrm{i}k(z - z_0)\big] \tag{4-53}$$

$$H_z = -\frac{2Q}{l}(y - y_0)H_y \tag{4-54}$$

其中

$$kr - \frac{1}{2} = l \tag{4-55}$$

$$\psi_0 = \psi_0^0 \psi_0^\varphi \tag{4-56}$$

$$\psi_0^0 = \mathrm{i}Q \exp\left(-\mathrm{i}Q \frac{r^2 \sin^2\theta}{w_0^2}\right) \exp\left(-\mathrm{i}Q \frac{x_0^2 + y_0^2}{w_0^2}\right) \tag{4-57}$$

$$\psi_0^\varphi = \exp\left[\frac{2\mathrm{i}Q}{w_0^2} r \sin\theta\left(x_0\cos\varphi + y_0\sin\varphi\right)\right] \tag{4-58}$$

$$Q = \frac{1}{\mathrm{i} + 2\left(\dfrac{z - z_0}{l}\right)} \tag{4-59}$$

其中，r 表示波束的传播距离。

光散射理论可以严格描述并模拟颗粒同轴及离轴全息图的形成，以及数字颗粒全息系统中各个参数（如激光偏振、颗粒折射率、相机位置等）对全息图的影响。需要注意的是，该模型没有考虑颗粒之间的多重散射效应，当颗粒距离较大时，这种多重散射效应很弱，因而可以忽略，但两个颗粒之间的距离非常小时，这种效应或许会对颗粒散射光场有比较显著的影响。

4.2　颗粒全息的光衍射理论

4.2.1　衍射理论的颗粒同轴全息

从上述颗粒散射模型可知，在颗粒同轴全息中，物光主要是衍射光，颗粒同轴全息图也可以应用衍射理论来描述，颗粒全息模型更简洁，物理概念更清晰。

图 4-3 为椭圆高斯波束入射下颗粒同轴全息系统示意图。这里认为颗粒位于 xy 坐标平面内，相机平面为 uv 坐标平面，两个坐标平面互相平行且共用 z 轴。

记激光出射光束为圆形高斯光束：$E(x_0, y_0) = \exp\left(-\dfrac{x_0^2 + y_0^2}{\omega^2}\right)$，其中 ω 表示圆形光束的束腰半径。激光及颗粒衍射光经过光学系统传播到相机的过程可以拆分成两个部分：第一部分是激光从出射光束，经过薄透镜系统传播到颗粒处，第二部分是颗粒处的激光以及颗粒衍射光从颗粒位置传播到相机靶面。根据惠更斯-菲涅耳衍射原理及 $ABCD$ 矩阵光学理论，针对第一部分传播到颗粒处的激光光束，其方程满足如下积分：

$$
\begin{aligned}
E_1(x, y) = {} & \frac{\exp(\mathrm{i}kz_{12\mathrm{p}})}{\dfrac{\lambda}{2}\sqrt{B_{12\mathrm{p}}^x B_{12\mathrm{p}}^y}} \int_{R^2} E(x_0, y_0) \exp\left[\frac{\mathrm{i}\pi}{\lambda B_{12\mathrm{p}}^x}\left(A_{12\mathrm{p}}^x x_0^2 - 2xx_0 + D_{12\mathrm{p}}^x x^2\right)\right] \\
& \times \exp\left[\mathrm{i}\frac{\pi}{\lambda B_{12\mathrm{p}}^y}\left(A_{12\mathrm{p}}^y y_0^2 - 2yy_0 + D_{12\mathrm{p}}^y y^2\right)\right] \mathrm{d}x_0 \mathrm{d}y_0
\end{aligned}
\tag{4-60}
$$

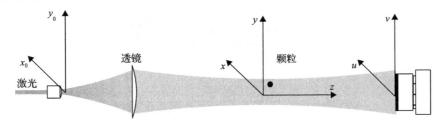

图 4-3　椭圆高斯波束入射下颗粒同轴全息系统示意图

其中，$k = 2\pi / \lambda$；参数 $A_{12p}^{x,y}$，$B_{12p}^{x,y}$，$D_{12p}^{x,y}$ 均为 $ABCD$ 矩阵 $M_{12p}^{x,y}$［下标 12p 表示激光到颗粒处(laser to particle)］，假设激光先在自由空间传播一定距离 z_p，再经过薄透镜光学系统(或者是透明曲面容器) L_1，随后又传播一定的距离 δ 到达颗粒处，则 $M_{12p}^{x,y}$ 可以由下式计算：

$$M_{12p}^{x,y} = M_{\delta}^{x,y} \times M_{L_1}^{x,y} \times M_{z_p}^{x,y} = \begin{pmatrix} A_{12p}^{x,y} & B_{12p}^{x,y} \\ C_{12p}^{x,y} & D_{12p}^{x,y} \end{pmatrix} \tag{4-61}$$

其中，$M_{\delta}^{x,y}$、$M_{L_1}^{x,y}$、$M_{z_p}^{x,y}$ 为典型光学透镜情况下矩阵光学表达进行计算，在此不赘述。上述激光光束的积分方程有理论解，表达式如下：

$$E_1(x, y) = \frac{\exp(ikz_{12p})}{i\lambda \sqrt{B_{12p}^x B_{12p}^y}} K_1^x K_1^y \exp\left[-\left(\frac{x^2}{\omega_{1x}^2} + \frac{y^2}{\omega_{1y}^2}\right)\right] \exp\left[-i\frac{\pi}{\lambda}\left(\frac{x^2}{R_{1x}} + \frac{y^2}{R_{1y}}\right)\right] \tag{4-62}$$

这意味着经过光学系统和自由空间传播后，圆形高斯光束可能变形为椭圆高斯光束(椭圆形为更一般的情况)。其中，z_{12p} 表示激光从出口到颗粒的距离，K_1^x、K_1^y 为系数：

$$K_1^{x,y} = \left(\frac{\pi\omega^2}{1 - iA_{12p}^{x,y} \dfrac{\pi\omega^2}{\lambda B_{12p}^{x,y}}}\right)^{1/2} \tag{4-63}$$

其中，ω_{1x} 和 ω_{1y} 分别表示椭圆激光光束在颗粒处的 x 轴和 y 轴上波束束腰半径(振幅降到轴向的 1/e 半径)；R_{1x} 和 R_{1y} 分别表示椭圆激光光束在颗粒处的 x 轴和 y 轴上光波波前曲率半径，由以下公式计算：

$$\omega_{1x,1y} = \left(\frac{\lambda B_{12p}^{x,y}}{\pi\omega}\right)\left[1+\left(A_{12p}^{x,y}\frac{\pi\omega^2}{\lambda B_{12p}^{x,y}}\right)^2\right]^{1/2}$$

$$R_{1x,1y} = -\cfrac{B_{12p}^{x,y}}{D_{12p}^{x,y}-\cfrac{A_{12p}^{x,y}\left(\dfrac{\pi\omega^2}{\lambda B_{12p}^{x,y}}\right)^2}{1+\left(A_{12p}^{x,y}\dfrac{\pi\omega^2}{\lambda B_{12p}^{x,y}}\right)^2}} \tag{4-64}$$

椭圆高斯光束 $E_1(x,y)$ 照射到颗粒 $T(x,y)$ 上,衍射传播一定距离 z 到达相机平面的光强 $U(u,v)$ 为

$$U(u,v)=\iint\limits_{\infty} E_1(x,y)\big[1-T(x,y)\big]\exp\left\{i\frac{\pi}{\lambda z}\big[(u-x)^2+(v-y)^2\big]\right\}\mathrm{d}x\mathrm{d}y \tag{4-65}$$

其中,$\big[1-T(x,y)\big]$ 是被记录颗粒所在平面的幅度传递函数。在远场近似中,可以将颗粒看作一个没有厚度的二维不透明硬边光阑。当颗粒为球形时,颗粒近似为不透明圆屏:

$$T(x,y)=\begin{cases}1, & \sqrt{x^2+y^2}\leqslant\dfrac{D}{2}\\[2mm] 0, & \sqrt{x^2+y^2}>\dfrac{D}{2}\end{cases} \tag{4-66}$$

对于同轴全息,相位项 $\exp(\mathrm{i}kz)$ 可被忽略,相机上光场复振幅 $U=R+O$,由参考光 $R(u,v)$ 和物光波 $O(u,v)$ 两部分组成:

$$R(u,v)=\iint\limits_{\infty} E_1(x,y)\cdot\exp\left\{i\frac{\pi}{\lambda z}\big[(u-x)^2+(v-y)^2\big]\right\}\mathrm{d}x\mathrm{d}y \tag{4-67}$$

$$O(u,v)=-\iint\limits_{\infty} E_1(x,y)\cdot T(x,y)\cdot\exp\left\{i\frac{\pi}{\lambda z}\big[(u-x)^2+(v-y)^2\big]\right\}\mathrm{d}x\mathrm{d}y \tag{4-68}$$

$R(u,v)$ 为直接传输到相机表面的波束,仍为椭圆高斯波束,基于一般复高斯函数的积分:

$$\int_{-\infty}^{\infty} e^{-pt^2} dt = \sqrt{\frac{\pi}{p}}, \quad \forall p \in C, \ \mathrm{Re}\{p\} > 0 \tag{4-69}$$

参考光可以写成如下张量形式:

$$R(u,v) = K(\omega_\xi, R_\xi) K(\omega_\eta, R_\eta) \exp\left(-\frac{\pi}{\lambda z} r^{\mathrm{T}} N r\right) \exp\left(i\frac{\pi}{\lambda z} r^{\mathrm{T}} M r\right) \tag{4-70}$$

其中，r^{T} 表示在相机平面上点的向量形式 (u,v)；$K(\omega_q, R_q)$，$q \in \xi$；η 表示参考光的振幅；N、M 均表示 2×2 矩阵。

在 $O(u,v)$ 的求解过程中，高斯函数在有限域上没有解析解，这里可以基于奈波尔-泽尼克(Nijboer-Zernike)理论对问题进行分析。考虑到颗粒幅度传递函数为圆域，可以将积分表达式转换为极坐标系求解，对颗粒所处的 xy 平面，令 $x = D\sigma\cos(\varphi)/2$，$y = D\sigma\sin(\varphi)/2$，其中 $0 \leqslant \sigma \leqslant 1$。对相机所处的 uv 平面，令 $u = r\cos\theta$，$v = r\sin\theta$，将 $T(x,y)$ 写成极坐标系下的复高斯级数的和，此时可以积分求出 $O(u,v)$ 的解析解，这是一个包含泽尼克多项式的无穷级数和[8, 9]:

$$O(u,v) = \pi D^2 \exp\left(i\frac{\pi r^2}{\lambda z}\right) \sum_{k=0}^{\infty} (-i)^k \varepsilon_k T_k(r) \cos(2k\theta) \tag{4-71}$$

其中，$T_k(r)$ 表示包含二次相位因子的泽尼克多项式表述形式。

在一般计算中，可以将颗粒函数表述为 10 级复高斯级数的和，也可以得到颗粒啁啾条纹曲线[10]，其具体计算和应用分别在 4.2.2 小节和第 9 章中详细论述。

当入射波为平面波时，则同样根据衍射理论，球形颗粒全息条纹亮度为[11, 12]

$$I(r) = 1 - \frac{2\pi d^2}{\lambda z} \sin\left(\frac{\pi r^2}{\lambda z}\right) \left\{\frac{2J_1\left[2\pi dr/(\lambda z)\right]}{2\pi dr/(\lambda z)}\right\} + \frac{\pi^2 d^4}{\lambda^2 z^2} \left\{\frac{2J_1[2\pi dr/(\lambda z)]}{2\pi dr/(\lambda z)}\right\}^2 \tag{4-72}$$

4.2.2 矩阵光学颗粒同轴全息

利用 $ABCD$ 矩阵光学，相机上的光场复振幅根据 Collins 公式[13]，为

$$U(u,v) = \iint_{\infty} E_1(x,y) \cdot \left[1 - T(x,y)\right] \cdot \exp\left[i\frac{\pi}{\lambda B_{\mathrm{p2d}}^x}(A_{\mathrm{p2d}}^x x^2 - 2ux + D_{\mathrm{p2d}}^x u^2)\right]$$

$$\times \exp\left[i\frac{\pi}{\lambda B_{\mathrm{p2d}}^y}(A_{\mathrm{p2d}}^y y^2 - 2vy + D_{\mathrm{p2d}}^y v^2)\right] dxdy \tag{4-73}$$

其中，$A_{\text{p2d}}^{x,y}$、$B_{\text{p2d}}^{x,y}$ 和 $D_{\text{p2d}}^{x,y}$ 分别表示椭圆高斯激光从颗粒处到相机靶面的传播矩阵 $M_{\text{p2d}}^{x,y}$ 的元素，下标 p2d 表示 particle to detector，即颗粒处到相机靶面。

$$M_{\text{p2d}}^{x,y} = \begin{bmatrix} A_{\text{p2d}}^{x,y} & B_{\text{p2d}}^{x,y} \\ C_{\text{p2d}}^{x,y} & D_{\text{p2d}}^{x,y} \end{bmatrix} \tag{4-74}$$

$R(u,v)$ 为椭圆激光光束传输到相机表面的复振幅分布，按下式计算：

$$
\begin{aligned}
R(u,v) &= \iint_{\infty} E_1(x,y) \cdot \mathrm{e}^{\mathrm{i}\frac{\pi}{\lambda B_{\text{p2d}}^x}(A_{\text{p2d}}^x x^2 - 2ux + D_{\text{p2d}}^x u^2)}\, \mathrm{e}^{\mathrm{i}\frac{\pi}{\lambda B_{\text{p2d}}^y}(A_{\text{p2d}}^y y^2 - 2vy + D_{\text{p2d}}^y v^2)}\,\mathrm{d}x\mathrm{d}y \\
&= \frac{\pi \mathrm{e}^{\mathrm{i}\left(\frac{\pi D_{\text{p2d}}^x}{\lambda B_{\text{p2d}}^x}u^2 + \frac{\pi D_{\text{p2d}}^y}{\lambda B_{\text{p2d}}^y}v^2\right)} \mathrm{e}^{\frac{\pi^2}{\lambda^2 B_{\text{p2d}}^x{}^2\left(-\mathrm{i}\frac{\pi}{\lambda R_{1x}} - \frac{1}{\omega_{1x}^2} + \mathrm{i}\frac{\pi A_{\text{p2d}}^x}{\lambda B_{\text{p2d}}^x}\right)}u^2}\,\mathrm{e}^{\frac{\pi^2}{\lambda^2 B_{\text{p2d}}^y{}^2\left(-\mathrm{i}\frac{\pi}{\lambda R_{1y}} - \frac{1}{\omega_{1y}^2} + \mathrm{i}\frac{\pi A_{\text{p2d}}^y}{\lambda B_{\text{p2d}}^y}\right)}v^2}}{\sqrt{\mathrm{i}\frac{\pi}{\lambda R_{1x}} + \frac{1}{\omega_{1x}^2} - \mathrm{i}\frac{\pi A_{\text{p2d}}^x}{\lambda B_{\text{p2d}}^x}}\sqrt{\mathrm{i}\frac{\pi}{\lambda R_{1y}} + \frac{1}{\omega_{1y}^2} - \mathrm{i}\frac{\pi A_{\text{p2d}}^y}{\lambda B_{\text{p2d}}^y}}}
\end{aligned}
\tag{4-75}
$$

为了简化物光积分计算过程，可以对颗粒 $T(x,y)$ 进行复高斯分解[10]：

$$T(x,y) = \sum_{k=1}^{10} A_k \cdot \exp\left\{ -\frac{B_k[(x-x_p)^2 + (y-y_p)^2]}{r^2} \right\} \tag{4-76}$$

$O(u,v)$ 为椭圆激光光束被颗粒衍射后传输到相机表面的衍射光，可以简化为

$$
\begin{aligned}
O(u,v) &= -\iint_{\infty} E_1(x,y) \cdot T(x,y) \cdot \mathrm{e}^{\mathrm{i}\frac{\pi}{\lambda B_{\text{p2d}}^x}(A_{\text{p2d}}^x x^2 - 2ux + D_{\text{p2d}}^x u^2)}\, \mathrm{e}^{\mathrm{i}\frac{\pi}{\lambda B_{\text{p2d}}^y}(A_{\text{p2d}}^y y^2 - 2vy + D_{\text{p2d}}^y v^2)}\,\mathrm{d}x\mathrm{d}y \\
&= -\mathrm{e}^{\mathrm{i}\left(\frac{\pi D_{\text{p2d}}^x}{\lambda B_{\text{p2d}}^x}u^2 + \frac{\pi D_{\text{p2d}}^y}{\lambda B_{\text{p2d}}^y}v^2\right)} \sum_{k=1}^{10} \frac{A_k \pi \mathrm{e}^{\frac{\left(-\frac{\mathrm{i}\pi}{\lambda B_{\text{p2d}}^x}u + \frac{B_k x_0}{b^2}\right)^2}{\left(-\mathrm{i}\frac{\pi}{\lambda R_{1x}} - \frac{1}{\omega_{1x}^2} - \frac{B_k}{r^2} + \mathrm{i}\frac{\pi A_{\text{p2d}}^x}{\lambda B_{\text{p2d}}^x}\right)}}\,\mathrm{e}^{\frac{\left(-\frac{\mathrm{i}\pi}{\lambda B_{\text{p2d}}^y}v + \frac{B_k y_0}{b^2}\right)^2}{\left(-\mathrm{i}\frac{\pi}{\lambda R_{1y}} - \frac{1}{\omega_{1y}^2} - \frac{B_k}{r^2} + \mathrm{i}\frac{\pi A_{\text{p2d}}^y}{\lambda B_{\text{p2d}}^y}\right)}}\,\mathrm{e}^{-\frac{B_k(x_0^2 + y_0^2)}{b^2}}}{\sqrt{\mathrm{i}\frac{\pi}{\lambda R_{1x}} + \frac{1}{\omega_{1x}^2} + \frac{B_k}{r^2} - \mathrm{i}\frac{\pi A_{\text{p2d}}^x}{\lambda B_{\text{p2d}}^x}}\sqrt{\mathrm{i}\frac{\pi}{\lambda R_{1y}} + \frac{1}{\omega_{1y}^2} + \frac{B_k}{r^2} - \mathrm{i}\frac{\pi A_{\text{p2d}}^y}{\lambda B_{\text{p2d}}^y}}}
\end{aligned}
\tag{4-77}
$$

已知物光和参考光的复振幅分布，可以获得相机上记录的颗粒全息光强分布，计算方法见式(4-1)。

4.2.3　具有透镜系统的颗粒全息

透镜系统可以用来对光路进行调整，如扩束、准直等，或对颗粒全息干涉成像进行视场放大或缩小，如图 4-4 所示。

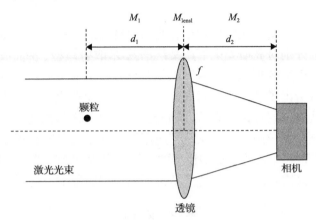

图 4-4　具有透镜成像系统的颗粒全息图模型

对于具有透镜的全息系统而言，其光路可以分为两部分，第一部分为波束从激光器出射传播到颗粒处，用光线变换矩阵 M_{12p} 表示，$M_{12p} = \begin{bmatrix} A_{12p} & C_{12p} \\ B_{12p} & D_{12p} \end{bmatrix}$；第二部分是波束被颗粒衍射后，从颗粒处传播到相机平面，用光线变换矩阵 M_{p2d} 表示，$M_{p2d} = \begin{bmatrix} A_{p2d} & C_{p2d} \\ B_{p2d} & D_{p2d} \end{bmatrix}$。

若将激光器出射处的激光波束记为 $E_0(x_0, y_0)$，则根据 Collins 公式，其传播到颗粒处波束的光场复振幅 $E(x, y)$ 为

$$E(x, y) = \iint_{\infty} E_0(x_0, y_0) \cdot \mathrm{e}^{\mathrm{i}\frac{\pi}{\lambda B_{12p}^x}(A_{12p}^x x_0^2 - 2xx_0 + D_{12p}^x x^2)} \, \mathrm{e}^{\mathrm{i}\frac{\pi}{\lambda B_{12p}^y}(A_{12p}^y y_0^2 - 2yy_0 + D_{12p}^y y^2)} \, \mathrm{d}x_0 \mathrm{d}y_0$$

$$(4\text{-}78)$$

波束 $E(x, y)$ 被颗粒 $T(x, y)$ 衍射后，传播到相机平面，相机平面探测的光场复振幅为

$$U(u, v) = \iint_{\infty} E(x, y) \cdot [1 - T(x, y)] \cdot \mathrm{e}^{\mathrm{i}\frac{\pi}{\lambda B_{p2d}^x}(A_{p2d}^x x^2 - 2ux + D_{p2d}^x u^2)} \, \mathrm{e}^{\mathrm{i}\frac{\pi}{\lambda B_{p2d}^y}(A_{p2d}^y y^2 - 2vy + D_{p2d}^y v^2)} \, \mathrm{d}x \mathrm{d}y$$

$$(4\text{-}79)$$

其中，$E(x,y)$ 可根据式(4-78)求得，$T(x,y)$ 可根据式(4-76)求得，相机记录的颗粒全息光强同理可根据式(4-1)求得。

4.3　本章小结

本章主要介绍了基于光散射理论和光衍射理论的颗粒全息模型。颗粒全息的光散射理论部分分别对高斯光束下广义洛伦兹-米散射模型、平面波下颗粒光散射模型、基于德拜级数的颗粒散射模型以及傅里叶变换光散射理论的数学表达形式做了介绍，最后给出了基于光散射理论的颗粒全息模型表达式。颗粒全息的光衍射理论部分对基于衍射理论的颗粒同轴全息模型做了详尽描述，并针对实际情况中带有成像系统的颗粒同轴全息系统，应用矩阵光学对具有成像系统的颗粒同轴全息的数学模型进行了推导。这些模型的框架，可以拓展到更复杂的不规则颗粒全息模型的建立，只需要用更复杂的光学模型来描述其散射、衍射过程的物光。

参 考 文 献

[1] Gouesbet G, Gréhan G. Generalized Lorenz-Mie Theories. Berlin: Springer International Publishing, 2011.

[2] Yuan Y, Ren K, Coëtmellec S, et al. Rigorous description of holograms of particles illuminated by an astigmatic elliptical Gaussian beam. Journal of Physics: Conference Series, 2009, 147(1): 012052.

[3] Wu Y C, Wu X C, Saengkaew S, et al. Digital Gabor and off-axis particle holography by shaped beams: a numerical investigation with GLMT. Optics Communications, 2013, (305): 247-254.

[4] Pu Y, Meng H. Intrinsic aberrations due to Mie scattering in particle holography. Journal of the Optical Society of America A, 2003, (20): 1920-1932.

[5] Wu X C, Meunier-Guttin-Cluzel S, Wu Y C, et al. Holography and micro-holography of particle fields: A numerical standard. Optics Communications, 2012, (285): 3013-3020.

[6] Li R, Han X e, Shi L, et al. Debye series for Gaussian beam scattering by a multilayered sphere. Applied Optics, 2007, (46): 4804-4812.

[7] 蔡小舒, 苏明旭, 沈建琪. 颗粒粒度测量技术及应用. 北京: 化学工业出版社, 2010.

[8] Nicolas F, Coëtmellec S, Brunel M, et al. Application of the fractional Fourier transformation to digital holography recorded by an elliptical, astigmatic Gaussian beam. Journal of the Optical Society of America A, 2005, (22): 2569-2577.

[9] Verrier N, Coëtmellec S, Brunel M, et al. Digital in-line holography with an elliptical, astigmatic Gaussian beam: Wide-angle reconstruction. Journal of the Optical Society of America A, 2008, (25): 1459-1466.

[10] Wen J, Breazeale M. A diffraction beam field expressed as the superposition of Gaussian beams. The Journal of the Acoustical Society of America, 1988, (83): 1752.

[11] Tyler G, Thompson B. Fraunhofer holography applied to particle size analysis a reassessment. Journal of Modern Optics, 1976, (23): 685-700.

[12] Vikram C S, Thompson B J. Particle Field Holography. Cambridge: Cambridge University Press, 2005.

[13] Collins J, Stuart A. Lens-system diffraction integral written in terms of matrix optics. Journal of the Optical Society of America A, 1970, (60): 1168-1177.

第5章 颗粒全息图像特性及信息提取算法

本章首先介绍平面波照射下的颗粒全息图像特性，进而对颗粒全息图三维重建后的颗粒信息提取算法进行介绍，主要包括景深拓展、颗粒识别和颗粒定位算法。一般而言，全息重建能够获取的颗粒几何信息主要包括颗粒三维位置、形貌以及粒径等，在某些应用场合中，重建的全息图还可以用来提取折射率等其他颗粒物性信息。因此，本章重点介绍颗粒全息图三维重建后图像景深拓展、颗粒识别以及定位等图像处理算法。

5.1 颗粒全息图像特性

5.1.1 颗粒全息图特性

根据光散射理论的颗粒全息模型，全息图中物光波（颗粒散射光）与颗粒位置、粒径、折射率等参数有关。根据光衍射理论，球形均匀颗粒在平面波照射下，在距离颗粒为 z 的平面上光强分布为[1,2]

$$I(r) = 1 - \frac{2\pi d^2}{\lambda z} \sin\left(\frac{\pi r^2}{\lambda z}\right) \left\{ \frac{2J_1\left[2\pi dr/(\lambda z)\right]}{2\pi dr/(\lambda z)} \right\} + \frac{\pi^2 d^4}{\lambda^2 z^2} \left\{ \frac{2J_1\left[2\pi dr/(\lambda z)\right]}{2\pi dr/(\lambda z)} \right\}^2 \quad (5\text{-}1)$$

相机平面上线性啁啾 $\sin\left(\dfrac{\pi r^2}{\lambda z}\right)$ 的瞬时频率随颗粒距离的增大而呈线性变化：

$$f(r) = \frac{1}{2\pi} \frac{\mathrm{d}\left(\dfrac{\pi r^2}{\lambda z}\right)}{\mathrm{d}r} = \frac{r}{\lambda z} \quad (5\text{-}2)$$

颗粒的 z 轴位置信息包含在线性啁啾信号中。$\left\{ \dfrac{2\pi d^2}{\lambda z} \left[\dfrac{2J_1(2\pi dr/(\lambda z))}{2\pi dr/(\lambda z)} \right] \right\}$ 为一阶 Bessel 函数项，表示调制啁啾信号的包络函数，包含颗粒的粒径信息。根据式(5-1)和式(5-2)，可以研究颗粒位置、粒径、折射率甚至折射率梯度对颗粒全息图特性的影响。

如图 5-1 所示，当颗粒与相机的距离增大时，颗粒全息图条纹的线性啁啾频率逐渐减小，而线性啁啾的包络函数零点则增大，且远离颗粒。随着记录距离的不同，颗粒全息图条纹的频率发生明显的改变。随着记录距离的增大，颗粒全息图条纹频率减小,因而颗粒的 z 轴位置信息主要记录在颗粒全息图啁啾条纹的频率中。此外,包络函数的零点位置也发生变化,因而包络函数也部分包含了 z 轴位置信息。

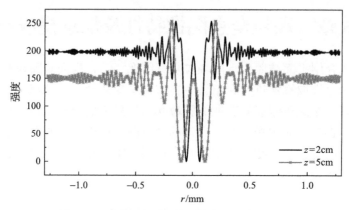

图 5-1　不同记录距离处颗粒全息图条纹特性
颗粒粒径 d =100μm,激光波长 λ =532nm

当颗粒粒径发生变化时,颗粒对入射波的衍射及散射会发生变化,从而影响颗粒全息图条纹特性。对比图 5-2 中不同粒径的条纹可以发现,不同粒径的颗粒全息图的啁啾条纹频率几乎相同,不随颗粒粒径的改变而变化。但包络函数的形状、零点位置随着颗粒粒径的变化而剧烈变化,随着粒径增大,包络函数的带宽变窄,这主要是由于随着粒径增大,颗粒散射光具有前向会聚的特性,说明颗粒的粒径信息主要包含在包络函数中。这与式(5-2)中"颗粒全息图条纹的频率由颗粒位置决定,与颗粒粒径无关,而颗粒粒径则与包络函数有关"的结论相一致。

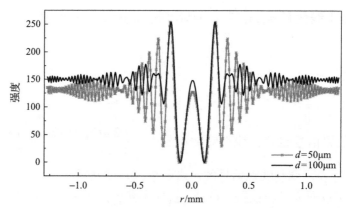

图 5-2　不同粒径的颗粒全息图条纹特性
折射率 n =1.330,激光波长 λ =532nm

不同种类的颗粒,如不透明颗粒、透明液滴、气泡等,具有不同的折射率,其对入射波的散射也不同。如图 5-3 所示,不同折射率的固体颗粒全息图条纹几乎重合，说明在前向同轴全息中，颗粒的折射率对全息图条纹的影响极其微小。这主要是由于在颗粒前向同轴全息中，物光(前向散射光)主要是由颗粒的衍射光组成，衍射光主要由颗粒的边界形状决定，与颗粒内部折射率无关。

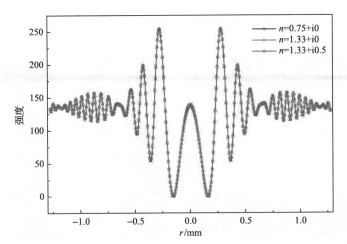

图 5-3 具有不同折射率的颗粒全息图条纹特性(颗粒粒径 d=100μm，记录距离 z=10cm)

在某些情况下，由于颗粒与周围介质进行物质或能量交换，如扩散、冷却或加热等，颗粒内部不再处于一个均匀的稳态过程，而是具有一个折射率分布。然而具有折射率梯度和具有均匀折射率的颗粒全息图条纹，除了在包络函数零点处有一点细微差别之外，在其余地方几乎重合，见图 5-4。因此，颗粒内部折射率梯度对前向同轴全息图的影响也很小，可以忽略不计。

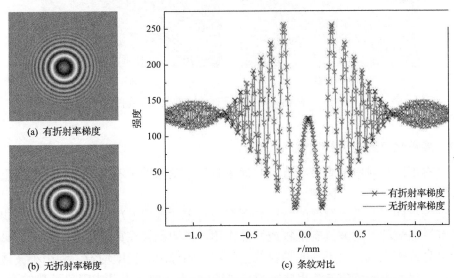

图 5-4 颗粒内部具有折射率梯度和没有折射率梯度的颗粒全息图对比

当照射到颗粒场的入射光为有形光束如椭圆形高斯光束时，颗粒全息啁啾条纹未必是标准的圆形，4 种典型的全息图如图 5-5 所示。由于椭圆高斯光束的象散，全息条纹有双曲线、平行线、椭圆和圆环形条纹 4 种形式，它们均可以基于式(4-73)计算得到。当光束直径远大于颗粒粒径，且光束 x 和 y 方向的曲率半径相差不大时，全息条纹便呈现出图 5-5(d) 所示的圆环形。

(a) 双曲线形　　　　　　　　　　　　(b) 平行线形

(c) 椭圆形　　　　　　　　　　　　(d) 圆环形

图 5-5　椭圆高斯光束下四种典型颗粒全息图

5.1.2　颗粒全息重建图像特性

具有不同折射率的颗粒在近场、远场时的全息图采用不同重建方法时的重建颗粒图像特性也有一定区别。

近场条件下，重建图像的特性与颗粒折射率和重建方法都相关。由于透明颗粒对穿过颗粒的入射波具有汇集或发散作用，透明颗粒在重建颗粒图像中心具有一个高亮或暗区域，而不透明颗粒的重建颗粒图像中心亮度均匀。利用小波重建与卷积重建等不同重建方法重建颗粒全息图时，由于重建方法中窗口函数的不同，两种重建方法获得的颗粒全息重建图存在一定差异。小波重建的颗粒图像中心高亮或暗区域为圆形，而卷积重建的颗粒图像中心为方形。

而在远场条件下，颗粒全息图中的物光主要是颗粒衍射光，只与颗粒形貌有关，与颗粒种类(折射率)及重建方法无关。因此不同种类的颗粒全息图经小波重建、卷积重建以及菲涅耳近似积分重建的颗粒聚焦图像几乎相同。

数字颗粒全息图重建时，通过重建不同 z 位置的截面图像而重建整个三维颗粒光场。当颗粒位于重建截面时，重建得到颗粒的聚焦图像；当颗粒偏离重建截面时，重建得到颗粒的离焦图像。重建颗粒的聚焦、离焦图像具有不同的特性。当颗粒聚焦($\Delta z = 0$)时，颗粒图像轮廓清晰，与周围背景有一个大的亮度梯度。重建截面图像远离颗粒位置，颗粒图像处于离焦状态，颗粒图像边缘轮廓变模糊，亮度与亮度梯度逐渐减小，并与背景平滑过渡连接。在远场情况下，如图 5-6(a)所示，处于正离焦($\Delta z > 0$)和负离焦($\Delta z < 0$)的颗粒重建图像相同，颗粒离焦图像只与离焦距离有关。在近场情况下，如图 5-6(b)所示，颗粒离焦图像不仅与离焦距离有关，还与离焦模式有关，处于正离焦($\Delta z > 0$)和负离焦($\Delta z < 0$)的颗粒重建图像不相同。

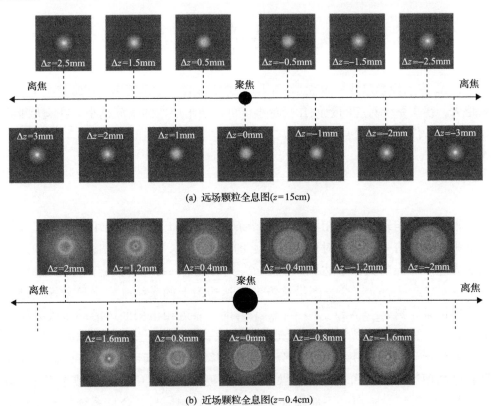

(a) 远场颗粒全息图(z=15cm)

(b) 近场颗粒全息图(z=0.4cm)

图 5-6　重建颗粒离焦图像特性

d=100μm，n=1.33−i1

5.2　重建图像景深拓展

5.2.1　颗粒全息景深概述

当被拍摄物体位于准焦平面时，在相机底片上会形成清晰影像，在焦平面的前方某处到其后方某处有一个范围，其内的景物经过镜头、光阑成像后，弥散斑直径小于像素宽度，能形成清晰影像，这一范围称为景深。对点光源来说，离焦 $\pm\Delta z\,/\,2$ 时 80%能量仍在艾里斑内，景深为

$$\Delta z = \frac{\lambda}{2\mathrm{NA}^2} \tag{5-3}$$

其中，NA 表示成像系统的数值孔径。在数字全息中，全息图相当于一个矩形光瞳，其数值孔径为

$$\mathrm{NA} = \frac{N\Delta x}{\sqrt{4z^2 + N^2\Delta x^2}} \tag{5-4}$$

其中，Δx 表示像素尺寸；N 表示图像像素数；z 表示记录距离。通常情况下，光圈越大，镜头系统对应的数值孔径越小，可以清晰成像的景深越小。在满足菲涅耳近似的条件下，数值孔径近似为

$$\mathrm{NA} = \frac{N\Delta x}{2z} \tag{5-5}$$

根据采样定理，数字相机记录干涉条纹的时候，条纹间距小于像素尺寸的两倍则无法被有效记录。对位于光轴上的颗粒来说，靠近全息图边沿处，颗粒散射光与参考光的夹角 θ 达到最大值 $\theta_{\max}$，$\sin\theta_{\max} \approx N\Delta x\,/\,(2z_0)$，得到条纹间距为 $d = 2\lambda z_0\,/\,(N\Delta x)$。全息图沿该方向到达边沿上的条纹刚好满足采样定理时的临界记录距离 $z_{\mathrm{crt}} = N\Delta x^2 / \lambda$。当 $z_0 < z_{\mathrm{crt}}$ 时，靠近相机靶面边沿的条纹处于欠采样状态，对应的物光高频信号无法被复原；当 $z_0 > z_{\mathrm{crt}}$ 时，颗粒的高频信号无法被记录到，数字相机的空间分辨率没有得到充分利用。z_{crt} 可以说是同时具有最高理论分辨率和较低背景噪声的最佳记录距离。因此，z_0 减小至 z_{crt} 以后，继续缩短记录距离并不能增加物光的有效高频信号，全息系统的有效数值孔径为

$$NA_e = \begin{cases} \dfrac{N\Delta x}{2z_0}, & z_0 > \dfrac{N\Delta x^2}{\lambda} \\[3mm] \dfrac{\lambda}{2\Delta x}, & z_0 \leqslant \dfrac{N\Delta x^2}{\lambda} \end{cases} \tag{5-6}$$

将式(5-6)中的有效数值孔径 NA_e 代入式(5-3)中即可计算出全息成像系统的景深 Δz_e。此外，还可以采用 Meng 等[3]提出的计算方法，考虑到颗粒粒径大小，在计算景深时可以用中央波瓣对应的数值孔径：

$$NA_d = \frac{\lambda}{d} \tag{5-7}$$

其中，d 表示颗粒粒径。将 NA_d 代入式(5-3)可得只考虑中心波瓣的景深 Δz_d。

在实际重建过程中，得到的每个重建截面的景深很小，只有少数处于重建截面附近的物体处于聚焦状态，而大多数其他颗粒处于离焦状态。当被测对象具有较大的景深时，若需要所有重建物体(颗粒)聚焦在单一平面上，需要对重建截面图像进行景深拓展。数字图像景深拓展是数字图像处理的一个常见问题，因而方法也有很多，如空间光调制法(增加衍射透镜元件)、扫描成像法、增加微透镜阵列进行光场显微成像法、波前编码法等。在数字全息图像景深拓展中，由于不同位置的颗粒信息均以衍射条纹的形式记录在一张全息图中，因此可以通过在不同位置重建全息图，再利用聚焦颗粒图像合成的方法完成全息图的景深拓展过程。多聚焦图像融合算法有很多，包括小波变换、图像金字塔、深度学习等方法。下面以小波图像融合方法为例，介绍全息图像景深拓展方法的实现过程。

5.2.2　基于小波图像融合景深拓展

小波变换具有很好的局部空频域特性，在多聚焦自然图像序列的融合与景深拓展中已有较多应用[4-6]。基于小波变换的全息重建三维图像景深拓展技术与算法示意图如图 5-7 所示。具体步骤如下：

(1)对全息图的每一个重建截面图像进行一层小波分解，得到重建截面的 HH、HL、LH 以及 LL 四个子图像，其中 HH、HL、LH 和 LL 分别为重建截面对角线高频、水平高频、竖直高频和低频系数。

(2)计算低频系数子图和高频系数子图上的亮度梯度的局部方差作为景深拓展中图像融合的聚焦判据。利用 Sobel 算子计算子图在 x、y 方向的梯度。

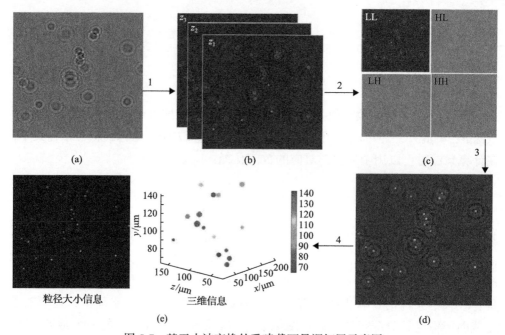

图 5-7　基于小波变换的重建截面景深拓展示意图

(a)记录全息图；(b)多张重建截面图；(c)高低频子图像；(d)景深拓展后的全息重建图；(e)物体信息图；
1：重建；2：景深拓展；3：二值化；4.颗粒定位

$$G_{(x,h)} = \text{HL} \otimes S_x + \text{HH} \otimes S_x \tag{5-8}$$

$$G_{(y,h)} = \text{LH} \otimes S_x' + \text{HH} \otimes S_x^{\text{T}} \tag{5-9}$$

$$G_{(x,l)} = \text{LL} \otimes S_x \tag{5-10}$$

$$G_{(y,l)} = \text{LL} \otimes S_x' \tag{5-11}$$

其中，S_x 表示 Sobel 算子，$S_x = \begin{pmatrix} -1 & 0 & 1 \\ -2 & 0 & 2 \\ -1 & 0 & 1 \end{pmatrix}$；$S_x^{\text{T}}$ 表示 S_x 的转置。则高频子图与低频子图的亮度梯度为

$$G_h = \sqrt{G_{(x,h)}^2 + G_{(y,h)}^2} \tag{5-12}$$

$$G_l = \sqrt{G_{(x,l)}^2 + G_{(y,l)}^2} \tag{5-13}$$

亮度梯度的局部方差为

$$\varepsilon_{H,z} = \sum_n \sum_m [G_h(n,m) - \overline{G_h(n,m)}]^2 \tag{5-14}$$

$$\varepsilon_{L,z} = \sum_n \sum_m [G_l(n,m) - \overline{G_l(n,m)}]^2 \tag{5-15}$$

（3）计算融合后的小波系数。各个图像的小波系数融合方法有很多，如高频取大、低频取平均法，基于 Canny 算子边缘检测法、最大亮度梯度的局部方差法等，根据图像颗粒信息的复杂情况，可以选用合适的方法来融合高频系数和低频系数。此步骤直接影响景深拓展结果的质量。

（4）对融合后的小波系数进行小波重建，获得合成的扩展景深图像，使得所有的重建物体都聚集在扩展景深的合成图像上。

5.3　颗 粒 识 别

在全息图后处理过程中，从重建的全息图像中识别出被测颗粒是一个重要的环节，即在重建的三维图像里将颗粒从背景中有效地分离出来。颗粒识别的基本思路是利用图像中颗粒所在区域与全局背景和噪声之间的差别，并基于一个指标或者判据，对其进行区分。其基本的操作方法主要有两类，一种是基于边缘的分割法，另一种则是基于区域的分割法，由此衍生出的判别方法多种多样。实际上，上述两种方式都是利用图像中局部灰度不连续的特征来进行边缘检测和区域划分。由于在重建的全息图中，目标区域一般是灰度值较高的黑色区域，同时，常常将颗粒图像的面积等效直径作为颗粒大小的评定标准，因此基于区域的分割法更为直接有效。本节就一些常用的分割法做简单介绍。

5.3.1　阈值法

1. 全局阈值法

在数字颗粒全息图重建的三维颗粒光场中，在颗粒图像所在的区域光强大于周围环境的光强，因此两者可以被明显地区分出来。根据这一特性，可以采用全局阈值法[7]对颗粒进行识别。在全局阈值法中，首先需要设定一个亮度阈值 I_{th}，然后直接利用该阈值对颗粒场的重建截面图像进行二值化处理：

$$I_{\text{bw}}(x,y,z) = \begin{cases} 1, & I(x,y,z) > I_{\text{th}} \\ 0, & \text{其他} \end{cases} \tag{5-16}$$

　　从式(5-16)可以看出，凡是大于亮度阈值 I_{th} 的区域被认为是颗粒区域，而小于亮度阈值的区域则被认为是背景。总体而言，全局阈值法简单明了，易于实施。但是其颗粒识别结果依赖于阈值 I_{th} 的设定。重建的全息图中，颗粒所在的区域并非均匀一致的灰度区域，而是在其边缘处存在一定的灰度梯度；同时，同一张全息图中不同的颗粒，其灰度值分布情况可能不同。因此，阈值设置过大时，不仅容易把颗粒漏掉，而且会使得颗粒边缘部分被剔除，导致其实际识别结果偏小；阈值设置偏小时，则会把背景噪声误判为颗粒，同时可能将不属于颗粒图像的边缘包含进来，使得识别结果偏大。

2. 自适应阈值法

　　鉴于阈值的选择将极大地影响识别结果的准确性，人为地设置阈值会带来很大的误差。自适应阈值通过一系列算法自动计算颗粒识别阈值，相比于全局阈值法，其识别精度有所提高。该方法在 PTV 中应用较多，Singh 等[8]将其拓展到全息颗粒场识别中。

　　一张全息图中可能包含很多颗粒，并分布在不同的重建截面上，因此需要对每一个颗粒进行单独识别，避免由于景深不同，其灰度分布情况不一样所带来的影响。其主要步骤如下：

　　(1)计算灰度最大值和最小值的平均值：

$$I_{th} = \frac{1}{2}(I_{max} + I_{min}) \tag{5-17}$$

　　(2)利用初始化阈值对重建截面图像进行二值化，可以将图像分为两部分，一部分为亮度大于 I_{th} 的区域，记为 I_G；另一部分为亮度不大于 I_{th} 的区域，记为 I_{NG}。

　　(3)计算 I_G 区域和 I_{NG} 区域内的亮度均值 $I_{avg,G}$ 和 $I_{avg,NG}$：

$$I_{avg,G} = \text{mean}(I_G) \tag{5-18}$$

$$I_{avg,NG} = \text{mean}(I_{NG}) \tag{5-19}$$

　　(4)计算新的阈值 I_{th}：

$$I_{th} = \frac{1}{2}(I_{avg,G} + I_{avg,NG}) \tag{5-20}$$

　　(5)重复步骤(1)～(4)，直至所有亮度阈值残差小于预先设定值而收敛。
　　(6)对每一个重建截面重复步骤(1)～(5)，识别每个重建截面图像上的颗粒。这种自适应阈值方法不需要预先设置阈值，而是根据图像本身的灰度分布特点来自动计算阈值。但其处理过程中需要进行迭代分割图像，增加了一定的计算量。

5.3.2　颗粒图像模板匹配法

尽管重建颗粒的尺寸、位置、形貌各异，但所有颗粒具有一个共同特征，即颗粒所在位置较亮，背景处较暗。根据这一特征，可以预先生成一个颗粒模板图像，然后将模板图像与目标图像进行比对，从本质上来说，这种方法是一种图像边缘检测方法。

颗粒模板一般采用二维高斯函数生成，通过计算重建颗粒图像与颗粒模板图像的相似度，根据相似度对颗粒进行识别。其基本方法是将模板图 $T(u,v)$ 放在目标图像 I 上平移，它将覆盖图像 I 中的一个区域 $I_{x,y}(u,v)$，其中 (x,y) 表示子图 $I_{x,y}(u,v)$ 左上角像素点在图像 I 中的坐标，若子图 $I_{x,y}(u,v)$ 与模板 $T(u,v)$ 一致，那么两者的差值应为零。一般而言可以用以下公式来表征两者的相似度 $E(x,y)$：

$$E(x,y) = \sum_{m=1}^{u} \sum_{n=1}^{v} \left[I_{x,y}(m,n) - T(m,n) \right]^2 \qquad (5\text{-}21)$$

同时，其图像的相似度也可以用归一化的图像二维相关系数来表示：

$$\text{Cor}_{2D} = \frac{\sum_{u} \sum_{v} T(u,v) I_z(x+u, y+v)}{\sqrt{\sum_{u} \sum_{v} T^2(u,v) \cdot \sum_{u} \sum_{v} I_z^2(x+u, y+v)}} \qquad (5\text{-}22)$$

利用相关法识别颗粒时，由于每个颗粒大小不一样，其重建截面图像上的光强分布也不尽相同，利用单一模板来进行匹配时相关系数也不尽相同。此外，颗粒模板一般为圆形(球形颗粒截面)，它对球形颗粒的匹配识别较好，如喷雾液滴、气泡等，而应用于非球形颗粒匹配时，其可靠性会下降，如煤粉颗粒。

相关法中，若将颗粒模板从二维拓展为三维，则可以在重建的三维颗粒光场中对颗粒进行匹配识别。同上，用三维颗粒模板与三维颗粒光场的三维相关系数作为颗粒识别判据：

$$\text{Cor}_{3D} = \frac{\sum_{u} \sum_{v} \sum_{w} T(u,v,w) I(x+u, y+v, z+w)}{\sqrt{\sum_{u} \sum_{v} \sum_{w} T^2(u,v,w) \cdot \sum_{u} \sum_{v} \sum_{w} I^2(x+u, y+v, z+w)}} \qquad (5\text{-}23)$$

值得注意的是，由于数字全息中重建颗粒在横向上和轴向上聚焦特性不同，因而其三维模板旋转也需要考虑到这一点。可以采用三维点扩散函数作为模板，对颗粒进行匹配。三维相关法识别颗粒时，模板在三维重建光场中逐像素滑动，计算量非常大，因而计算速度较慢。

5.3.3 联合多判据法识别颗粒

根据重建颗粒的单一特征值，采用单一判据对颗粒进行识别时，很容易导致颗粒误判和漏判。因此根据重建颗粒的多个特征，联合多判据对颗粒进行识别，可以增强颗粒识别的准确性和稳健性。

在三维重建光场中，在颗粒图像区域具有以下几个特征。

(1)在横向上，颗粒图像区域具有一个光强极大值，且比周围区域的光强大很多。

(2)在纵向上，随着远离颗粒的距离增加，光强逐渐衰减直至与背景区域相同，且光强区域在横向上向周围扩散。

根据这两个特征，结合 5.3.1 小节和 5.3.2 小节，设置多判据对颗粒进行识别，其主要步骤如下。

(1)计算重建光强中在横向上的每个像素的最大值、最小值以及均值：

$$I_{\max}(x,y) = \max_z \big[I(x,y,z) \big] \tag{5-24}$$

$$I_{\min}(x,y) = \min_z \big[I(x,y,z) \big] \tag{5-25}$$

$$I_{\mathrm{mean}}(x,y) = \underset{z}{\mathrm{mean}} \big[I(x,y,z) \big] \tag{5-26}$$

(2)应用 5.3.2 小节的二维相关法，计算 I_{EFI} 与模板颗粒匹配的相关系数。

(3)采用联合多判据对颗粒进行识别。考虑以下几种情形。

情形一：对于较大颗粒，颗粒区域光强很大，其归一化光强接近 1，因而可以设置一个较大的阈值，直接将高亮的大颗粒识别出来。

情形二：设置局部光强阈值 $I_{\mathrm{th,max}}$、光强差阈值 $I_{\mathrm{th,max2mean}}$ 和 $I_{\mathrm{th,max2min}}$，相关系数阈值 $I_{\mathrm{th,Cor}}$。当满足如下关系式时，为颗粒区域。

$$I_{\max} > I_{\mathrm{th,max}} \tag{5-27}$$

$$I_{\max} - I_{\mathrm{mean}} > I_{\mathrm{th,max2mean}} \tag{5-28}$$

$$I_{\max} - I_{\min} > I_{\mathrm{th,max2min}} \tag{5-29}$$

$$\mathrm{Cor}_{2D} > I_{\mathrm{th,cor}} \tag{5-30}$$

式(5-27)表示光强具有极大值；式(5-28)和式(5-29)表示光强在纵向上具有一定波动，这一判据可以去掉高亮的背景区域；式(5-30)表示光强在横向上从中间到边沿衰减。上述的联合多判据法识别颗粒，综合考虑了颗粒处光强大小、光强在横向和纵向的三维光强分布特性，因而能有效抑制颗粒误判和漏判，准确识别颗粒。

图 5-8 为应用联合多判据法对颗粒全息图中颗粒进行识别的典型案例。图 5-8(a) 为煤粉颗粒全息图，图中存在由于透镜上附着颗粒产生的明显背景条纹噪声，以及由于激光光强的高斯分布特性，中间较亮，边沿较暗；这对颗粒的准确识别提出挑战。应用背景相除法对全息图进行背景去除，然后进行三维重建；根据 5.2.2 小节，再对其重建的三维空间截面图像进行景深拓展，获得其所有颗粒都聚焦的景深拓展图像，如图 5-8(b)所示。应用联合多判据法对颗粒全息图中颗粒进行识别，识别颗粒如图 5-8(b)中粉色"+"所示。对比重建的景深拓展图像与识别颗粒，可以发现图中颗粒几乎全部识别出来了，在较暗的边沿区域也能对颗粒进行有效识别，而且没有将较亮的背景误判成颗粒。结果表明联合多判据法能高效、准确识别重建颗粒图像中的颗粒。

(a) 煤粉颗粒全息图　　　　　　　(b) 图(a)颗粒识别(粉色记号为颗粒中心)

图 5-8　数字颗粒全息图重建颗粒识别(彩图扫二维码)

5.3.4　3D 去卷积辅助识别算法

数字全息技术能够对颗粒进行三维定位，在这个过程中颗粒的横向以及纵向位置相对容易确定，而其沿着光路的轴向位置 z(深度)往往难以准确地表征。因为随着轴向深度 z 的增加，信号光会存在一定程度的发散。因此，对 z 轴的定位一般基于全息波前重建的强度分析[9, 10]或者重建图像强度的阈值判别[11, 12]，基于此也延伸出了很多全息图像中颗粒 z 轴定位算法。其中有一种基于三维去卷积 (three-dimensional deconvolution，也称反卷积) 的定位算法，该方法能够从一张全息图像中提取不同颗粒的 z 轴位置，并具有较高的定位精度，同时在很大程度上消除了噪声对定位的影响。

对于一个三维物体 $O(r)$ 而言，若在不同的焦平面上获取其信息，则可以得到一个信息矩阵 $M(r)$，两者之间存在一定的关系，表示为

$$O(r) \Rightarrow M(r) \tag{5-31}$$

那么当物体为一个点 $\delta(r)$ 时，在同样的成像系统当中，也可以得到相应的信息矩阵，而此时的信息矩阵则称为点扩散函数 (point spread function，PSF)：

$$\delta(r) \Rightarrow \mathrm{PSF}(r) \tag{5-32}$$

如果一个物体可以被表示成为许多个点的集合，那么有

$$O(r) = \int O(s)\delta(r-s)\mathrm{d}s \tag{5-33}$$

则相应的信息矩阵 $M(r)$ 可以表示为

$$M(r) = \int O(s)\mathrm{PSF}(r-s)\mathrm{d}s \tag{5-34}$$

上式可以进一步表示成 $O(r)$ 与 $\mathrm{PSF}(r)$ 的卷积，即

$$M(r) = O(r) \otimes \mathrm{PSF}(r) \tag{5-35}$$

那么对于一个已知的点扩散函数 PSF，通过去卷积运算，就能够得到物体的三维信息 $O(r)$。

假设入射光波是一束平面波，当它被物体散射之后，物光波前在空间任意位置的传播可以表示成：

$$U_{\mathrm{object}}(r) = \iiint O(r_{\mathrm{o}})\frac{\exp(\mathrm{i}k|r_{\mathrm{o}}-r|)}{|r_{\mathrm{o}}-r|}\mathrm{d}r_{\mathrm{o}} = O(r) \otimes \frac{\exp(\mathrm{i}kr)}{r} \tag{5-36}$$

式中的积分以物体所在坐标系为基准。

那么物光与参考光所形成的全息图，在近似情况下可以表示为

$$\tilde{H}(r_{\mathrm{S}}) \sim \tilde{U}_{\mathrm{object}}(r_{\mathrm{S}})\tilde{U}_{\mathrm{R}}^{*}(r_{\mathrm{S}}) + \tilde{U}_{\mathrm{object}}^{*}(r_{\mathrm{S}})\tilde{U}_{\mathrm{R}}(r_{\mathrm{S}}) \tag{5-37}$$

其中，$r_{\mathrm{S}} = (x_{\mathrm{S}}, y_{\mathrm{S}}, z_{\mathrm{S}})$，表示在记录距离为 z_d 时，成像面上一点与物体上一点的

向径。进一步有

$$U_{o}(r) = \iiint \tilde{U}_{\text{obect}}(r_s)\delta(z_s - z_D)\frac{\exp(ik\,|\,s - r\,|)}{|r_s - r|}\mathrm{d}s \tag{5-38}$$

而基于点扩散函数，所得到的波前为

$$U_{p}(r) = \iiint \tilde{U}_{\text{Pant}}(r_s)\delta(z_s - z_D)\frac{\exp(ik\,|r_s - r|)}{|r_s - r|}\mathrm{d}s \tag{5-39}$$

联合式(5-38)和式(5-39)，可以得到

$$O(r) = \mathrm{FT}^{-1}\left(\frac{\mathrm{FT}\left(|U_{o}(r)|^2\right)}{\mathrm{FT}\left(|U_{p}(r)|^2 + \beta\right)}\right) \tag{5-40}$$

　　上式即是对全息图强度进行三维去卷积的计算方法，其中 β 是一个远小于 $|U_p(r)|^2$ 的值，此处用于获取较高的信噪比，是人为添加的调和值。三维去卷积方法能够在很大程度上消除 z 轴位置深度过大所导致的信号光发散问题以及噪声信号对 z 轴定位的影响。图 5-9、图 5-10 是三维去卷积方法的应用案例，从中可以看出，三维去卷积方法应用前后，目标颗粒周围图像的幅值强度发生了很大变化。三维去卷积方法有效地去除了图像噪声，使颗粒灰度与背景灰度对比度提高。

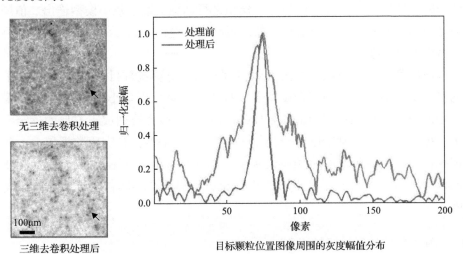

无三维去卷积处理

100μm

三维去卷积处理后

目标颗粒位置图像周围的灰度幅值分布

图 5-9　三维去卷积算法应用前后对比[13]

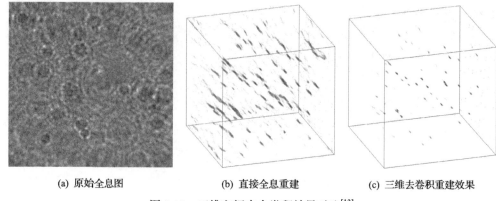

(a) 原始全息图　　　　　　　　(b) 直接全息重建　　　　　　(c) 三维去卷积重建效果

图 5-10　　三维空间中全卷积效果对比[13]

5.3.5　基于全卷积神经网络的颗粒识别算法

神经网络建模属于有监督学习，需要大量的样本数据去训练出准确、泛化能力强的模型。在数字全息中，颗粒图像识别是对全息重建图像上的聚焦颗粒进行识别和提取。景深拓展图像是包含所有三维空间聚焦颗粒的二维图像。为节省颗粒识别时间和提高处理效率，景深拓展图像常用于颗粒识别。本小节将对全卷积神经网络 FCN-8S 模型在全息图像识别方面的应用做简单介绍。

在全卷积神经网络 FCN-8S 模型中，通过适当调整 FCN-8S 网络结构和参数，构建出模型框架，再用全息图重建后的煤粉图像作为输入，先通过传统阈值分割方法得到后，再通过人工筛选添加传统方法处理后导致丢失的小颗粒的对应的煤粉图像的二值图作为训练的标签，对模型进行训练；通过减小模型输出二值图与对应标签的误差来调整模型参数，最终得到满足迭代次数后的最小误差的模型。神经网络模型框架如图 5-11 所示。

对该模型分别在模拟数据集、标定数据集(知道颗粒数目)和实验数据集上进行的测试结果表明：在模拟数据集上，提出的模型可以最小识别直径 2 个像素点大小的模拟颗粒；在已知由直径 10μm 大小颗粒整齐排列成正方形的标定数据集上，提出模型的识别精度相较传统方法提高 22.48%；在实验数据集上，相较于传统模型，具有更低的小颗粒误判率。部分测试结果如图 5-12 所示。相比传统阈值分割方法，基于深度学习的小颗粒识别模型在小颗粒识别上具有更高的精度。

5.3.6　基于条纹特征的颗粒识别

对于传统的全息重建方法来说，其适用的粒径范围有一定限制，特别是在显微全息当中，这些方法对小颗粒进行重建时将出现较大的误差。图 5-13 利用传统全息重建方法对不同粒径球形颗粒重建时的粒径相对误差，这里以无量纲数夫琅禾费数 C_F 为变量：

$$C_F = \pi d^2 / 4\lambda z \qquad (5-41)$$

从图中可以发现，对于夫琅禾费数较小即粒径较小的颗粒来说，其识别误差可能达到 10%，而对于较大的颗粒，相对误差则较小。

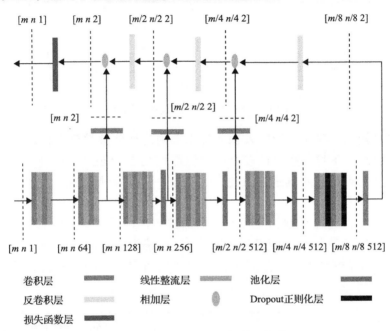

图 5-11　基于 FCN-8S 的模型架构

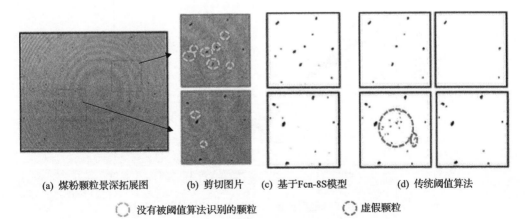

(a) 煤粉颗粒景深拓展图　　(b) 剪切图片　　(c) 基于Fcn-8S模型　　(d) 传统阈值算法

◌ 没有被阈值算法识别的颗粒　　　　　◌ 虚假颗粒

图 5-12　基于 Fcn-8S 模型的颗粒识别与传统方法的对比

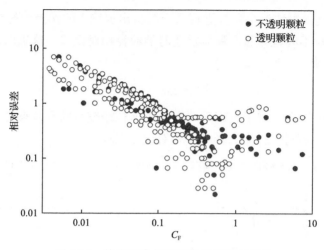

图 5-13　传统重建方法随粒径的相对误差

在前文提到，对于球形颗粒而言，米散射理论能够精确地计算远场散射光的振幅。因此，在对一些粒径较小的球形颗粒(0.5～5μm)进行测量时，我们可以利用米散射理论来对其进行重建[36]。对于一个球形颗粒来说，当它的粒径、折射率以及全息记录距离确定时，其全息图像的特性也唯一确定。因此可以采用匹配的方法对小颗粒进行重建，将颗粒的全息图像特性与米散射理论所计算出的已知参数的全息图像进行匹配，进而确定颗粒的大小、空间位置等等。图 5-14 给出了这个方法的重建误差，可以发现对于小颗粒而言，其重建误差大大降低。

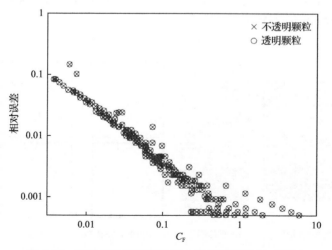

图 5-14　基于米散射匹配重建方法随粒径的相对误差

5.4　颗　粒　定　位

5.4.1　颗粒 z 轴定位方法

数字颗粒全息在颗粒测量中的一个关键优势是能对颗粒进行三维定位。颗粒定位的方法主要可以分为空域法、频域法以及空频域法。顾名思义，空域法、频域法以及空频域法分别是在重建图像的空域、频域以及空频域内对颗粒进行 z 轴定位的方法。在实际的全息测量中，由于共轭像等噪声的影响，颗粒全息图的重建率、颗粒识别率、定位精度会受到激光、颗粒浓度、颗粒粒径分布、相机分辨率与尺寸等因素的影响。

空域法主要有亮度法、亮度方差法、梯度法、图像熵法[14]、梯度方差法[15]、相关法[16]等。频域法主要是利用图像的傅里叶变换频谱来对颗粒进行定位。空频域法是包括在各种小波变换域[17-19]、分数傅里叶变换域内[20, 21]的颗粒定位方法。颗粒也可以通过多个角度重建图像定位[22]，颗粒 z 轴位置也可以通过条纹分析来确定[17, 23, 24]。

1. 亮度法[7, 8, 25]

重建后获得不同重建截面的归一化灰度值，对于 $\sigma = \dfrac{2\sqrt{2}}{d}\sqrt{\dfrac{\lambda z_e}{\pi}}$ ，z_e 表示物体到记录介质的距离，焦平面为灰度峰值对应的重建截面，对于 $\sigma > \dfrac{2\sqrt{2}}{d}\sqrt{\dfrac{\lambda z_e}{\pi}}$ ，焦平面位于两峰值对应重建截面位置的中间，z_r 表示重建截面 z 轴位置，如图 5-15 所示。

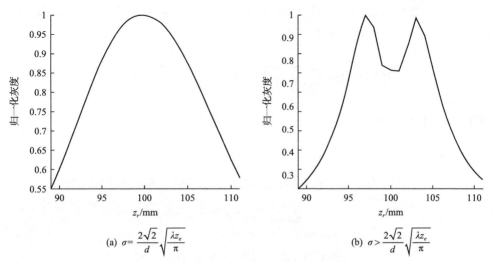

$$\text{(a)}\ \sigma = \frac{2\sqrt{2}}{d}\sqrt{\frac{\lambda z_e}{\pi}} \qquad\qquad \text{(b)}\ \sigma > \frac{2\sqrt{2}}{d}\sqrt{\frac{\lambda z_e}{\pi}}$$

图 5-15　不同重建截面处最大灰度值的变化[7]

2. 亮度方差法[26, 27]

对于沿深度方向上的多峰情况，如图 5-12(b) 所示，WTMM(wavelet transform modulus maxima，小波变换最大模量)[28]方法将不再适用。如果颗粒恰好聚焦在重建平面上，那么颗粒重建图像将会非常清晰且边界锐利，否则会有一定程度的模糊，而这一特征可以用光强的方差来表征，即

$$F_{\text{in\_vari}} = \sum_{y-n}^{y+n} \sum_{x-n}^{x+n} [I_{xy,z} - \overline{I_{xy,z}}]^2 \tag{5-42}$$

其中，$\overline{I_{xy,z}}$ 表示光强平均值；$F_{\text{in\_vari}}$ 表示灰度方差。在颗粒聚焦面的位置，灰度方差曲线应该有一个最大的峰值，而且离焦平面越远灰度方差应越小。

3. 梯度法

1)拉普拉斯能量[29]

利用拉普拉斯能量法进行定位，首先使用拉普拉斯算子对每个像素上的光强值进行平方计算，然后对指定窗口中平方值求和：

$$F_{\text{lap\_energy}} = \sum \nabla^2 [I(x,y)] \tag{5-43}$$

定位之前先对图像进行亮度归一化，将每个像素点的灰度值除以整个图像的平均灰度值，因为在实际的成像系统中移动镜头通常会使有效光圈光阑发生微小变化，从而改变图像的平均亮度，归一化后不会出现这个问题。

2)拉普拉斯方差[30]

使用二阶导数算子可以通过空间高频信号获得锐利的边界。可以利用拉普拉斯算子，通过计算绝对值方差，进行 z 轴定位：

$$\text{LapVar}(I) = \frac{1}{NM} \sum_{m}^{M} \sum_{n}^{N} \left[\text{Lap}(I(m,n)) - \overline{\text{Lap}(I(m,n))} \right]^2 \tag{5-44}$$

其中，$\overline{\text{Lap}(I(m,n))}$ 表示平均值。

4. 相关法[16]

两张图片之间的相关系数 CC 表示两张图片的相似度或相关性，定义为

$$\text{CC} = \frac{\sum_{m} \sum_{n} (F_{mn} - \overline{F})(G_{mn} - \overline{G})}{\sqrt{\left(\sum_{m} \sum_{n} (F_{mn} - \overline{F})^2 \right) \left(\sum_{m} \sum_{n} (G_{mn} - \overline{G})^2 \right)}} \tag{5-45}$$

其中，m 和 n 表示像素指数；F 和 G 表示图像；$\overline{F}$ 和 $\overline{G}$ 表示图像的平均灰度值。图片相关性越低，CC 的值越接近于 0，反之越接近于 1。图 5-16 展示了利用相关系数确定颗粒轴向位置的基本原理。

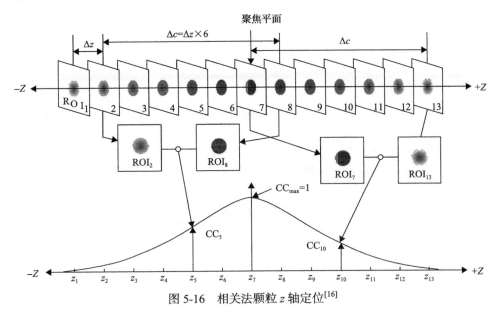

图 5-16　相关法颗粒 z 轴定位[16]

5. 亮度梯度局部方差[30]

亮度梯度局部方差为

$$\sum_{m}^{M}\sum_{n}^{N}[\text{sobel}(I(m,n)) - \overline{\text{sobel}(I(m,n))}]^2 \tag{5-46}$$

6. 小波域聚焦

1）高频小波系数和[31]

如图 5-17 所示，在左边的原始图中，E 代表选中的算子窗口之一，其宽度和长度分别为 w 和 l。其对应的一阶 LH、HL、HH 子带算子窗口分别表示为 E_{LH}、E_{HL}、E_{HH}，小波变换图像分别表示为 W_{LH}、W_{HL}、W_{HH}。焦点测度算子 M_{WT}^1 即高频小波系数和定义为

$$M_{\text{WT}}^1 = \frac{1}{\omega l}\left[\sum_{(i,j)\in E_{\text{LH}}}|W_{\text{LH}}(i,j)| + \sum_{(i,j)\in E_{\text{HL}}}|W_{\text{HL}}(i,j)| + \sum_{(i,j)\in E_{\text{HH}}}|W_{\text{HH}}(i,j)|\right] \tag{5-47}$$

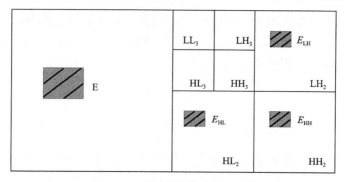

图 5-17　焦点测度算子窗口图

2) 高频小波系数方差[31]

与前面高频小波系数和类似，高频小波系数方差 M_{WT}^2 定义为

$$
M_{\mathrm{WT}}^2 = \frac{1}{\omega l}
\begin{bmatrix}
\sum\limits_{(i,j)\in E_{\mathrm{LH}}} \left(W_{\mathrm{LH}}(i,j)-\mu_{\mathrm{LH}}\right)^2 + \\
\sum\limits_{(i,j)\in E_{\mathrm{HL}}} \left(W_{\mathrm{HL}}L(i,j)-\mu_{\mathrm{HL}}\right)^2 + \\
\sum\limits_{(i,j)\in E_{\mathrm{HH}}} \left(W_{\mathrm{HH}}(i,j)-\mu_{\mathrm{HH}}\right)^2
\end{bmatrix}
\tag{5-48}
$$

其中，μ 表示小波系数期望。

3) 小波系数比[32]

由于点扩散函数的低通滤波特性，原始图像卷积计算后得到的图像会模糊，因此易知离散小波变换具有图像失焦使得高通带能量增加、低通带能量减少的特性。因此，可以基于小波系数比进行定位：

$$
M_{\omega} = \frac{\sum\limits_{I=1}^{K}\left[\sum\limits_{(x,y)\in S_{\mathrm{HI}}} W_{\mathrm{LHI}}^2(x,y) + \sum\limits_{(x,y)\in \mathrm{SHI}} W_{\mathrm{HII}}^2(x,y) + \sum\limits_{(x,y)\in S_{\mathrm{HHI}}} W_{\mathrm{HHI}}^2(x,y)\right]}{\sum\limits_{(x,y)\in S_{\mathrm{LL}}} W_{\mathrm{LLK}}^2(x,y)}
\tag{5-49}
$$

5.4.2　颗粒二维形貌测量

颗粒的聚焦图像可以从 5.2.2 小节中的拓展景深图像获得，也可先获得颗粒聚焦位置，从聚焦的重建截面图像上获取。对聚焦的颗粒图像进行图像分析，如图像分割、轮廓提取、形貌分析等，可以获得颗粒的粒径及形貌。对于球形颗粒，如气泡、液滴、球形玻璃珠等，重建颗粒的截面图像是圆形，测量颗粒圆形截面直径即为颗粒粒径。对于非球形颗粒，如椭球、不规则煤粉等，测量的颗粒粒径

为颗粒截面图像的等效面积粒径

$$d = \sqrt{\frac{4A_p}{\pi}} \tag{5-50}$$

其中，A_p 为颗粒截面图像的面积。

图 5-18 为重建颗粒图像的形貌的三维显示图，图 5-18（a）为不规则的煤粉颗粒形貌，图 5-18（b）为球形液滴的形貌，图中颗粒的轮廓结构清晰，能准确测量其形貌。

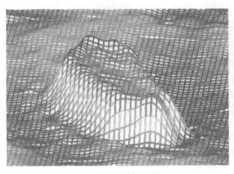

(a) 不规则煤粉颗粒　　　　　　　　　　　　　　(b) 球形液滴

图 5-18　重建颗粒形貌测量

5.4.3　颗粒三维形貌测量

1. 颗粒三维边界测量

前向散射同轴全息中，物光来自颗粒的前向散射光，或者说是颗粒边界的衍射光。对于颗粒同轴全息，如果颗粒表面光滑，则垂直于激光束的面上的点可能为轮廓点，如果颗粒表面不光滑甚至不连续，则表面边缘也可能为轮廓点。这些轮廓点对颗粒衍射有较大影响，因此颗粒三维边界信息包含在全息图的物光波里，可从重建后的颗粒三维光场反演出来。与轮廓相关的颗粒三维边界可能不连续，类似于有阶跃的分段函数。为了获得高的深度方向的分辨率，重建截面间隔通常小于颗粒尺寸，因此，位于重建截面上的三维边界一部分处于聚焦状态，其他部分处于离焦状态。在聚焦颗粒轮廓上重建的 ROI 区域的光场主要受相关的局部三维边界的聚焦光场影响，而其他部分的离焦光场影响较小。因此，颗粒三维边界可从局部区域反演，并用亮度梯度局部方差法来对颗粒的局部边界进行定位。

如图 5-19 所示，不规则颗粒的三维形貌决定了颗粒的二维投影。从一个投影方向记录前向散射同轴全息图中，可以重建该投影方向上边界的三维位置，可通过以下步骤实现：

（1）在一系列深度位置重建全息图，利用图像融合算法获得景深拓展图 EFI，并从 EFI 中提取边界的二维投影。

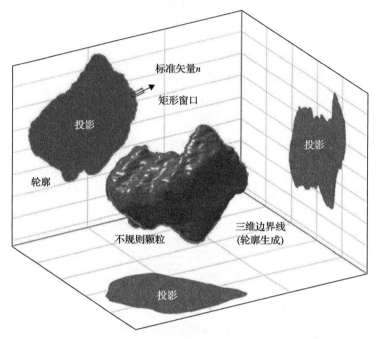

图 5-19　不规则颗粒的边界和投影之间的关系[33]

（2）用垂直于边界的小窗口选取一小段边界，对小段边界进行 z 轴定位，窗口必须足够小从而避免附近边界的影响，同时窗口尺寸必须能使亮度梯度方差判据生效。边界法向量为 $\hat{n}$，计算每一重建截面的强度梯度 G，其在法向量方向的标量投影也就是方向梯度为

$$G_n = G \cdot \hat{n} \tag{5-51}$$

计算窗口内方向梯度 G_n 的标准差，标准差最大值处为最优聚焦位置。

（3）让窗口沿着二维边界遍历轮廓，得到轮廓上不同位置的 z 轴定位，连接起来就形成了三维边界。

另一种方法是利用边界上相邻小段的相似性对它们的聚焦曲线做互相关运算，产生更光滑的曲线，曲线峰值对应的位置即相邻边界小段之间的 z 轴距离，可以在一定程度上降低 z 轴定位精度较低造成的边界测量误差。图 5-20（a）为直接定位得到的不规则煤粉颗粒三维边界，可见边界不在一个深度位置，但也可以看到一些噪声引起的局部波动。图 5-20（b）为用定位曲线做互相关运算得到的 C 线虫三维形貌，其连贯性更好。

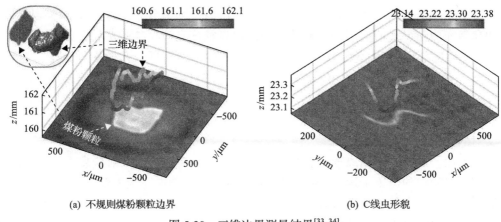

(a) 不规则煤粉颗粒边界　　　　　　　　(b) C线虫形貌

图 5-20　三维边界测量结果[33, 34]

2. 不规则颗粒表面测量

无论是上述的颗粒边界提取还是细条状物体测量，都是利用了边界或者细条状物体的形状特征，对于更一般颗粒三维形貌的测量则无能为力。主要原因是：前向散射全息仅包含衍射边界的信息，不包含颗粒表面信息。一种理论上可行的方法是用颗粒的后向散射光(或者反射光)作为物光记录全息图，如图 5-21 所示。

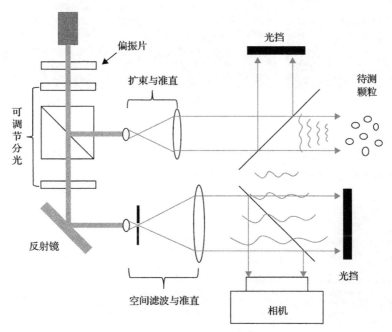

图 5-21　后向散射全息结构记录颗粒表面信息

激光先通过偏振片起偏成线偏振光，然后通过可调节分光镜分成物体照明光和参考光两路，被照明后的颗粒的后向散射光经分光镜与参考光混合后干涉形成全息图，被数字相机记录。图中可调节分光模块(包括偏振分光镜和前后各一块半波片)，旋转前一块半波片可以调节 P 偏振光和 S 偏振光的比例，P 偏振光透过偏振分光镜至参考光路，而 S 偏振光被反射至照明光路。旋转后一块半波片至合适的角度，将参考光路中的 P 偏振光转化为 S 偏振光，以便能与物光干涉(物光是反射的 S 偏振光)。

然而，即使是利用离轴全息结构实现孪生像分离，后向散射全息重建图仍然受到散斑噪声的严重干扰，同轴全息中颗粒局部聚焦判据完全失效。Özgürün 等[35]提出了基于全息体视的颗粒表面形貌提取方法。由于截取全息图任意一部分都能重建出完整的物体，可以将一张全息图分成左右两半，如图 5-22 所示。将全息图其中一半填零，重建时相当于从两个不同的视角观察物体，形成体视效果。然后根据双目体视原理还原颗粒表面三维形貌。这种全息体视相比于传统双目体视有几个主要优点：①视角的位置确定，不需要标定，可以任意分割；②只需要一个相机拍摄，节约成本；③适用于大景深范围内的物体，无须担心离焦问题。

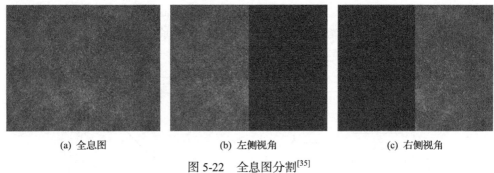

(a) 全息图　　　　　　(b) 左侧视角　　　　　　(c) 右侧视角

图 5-22　全息图分割[35]

图 5-23 为一个陶瓷颗粒模型的表面三维形貌重建结果。全息图不同的分割方式对测量结果略有影响，但总体上与实际结果接近。

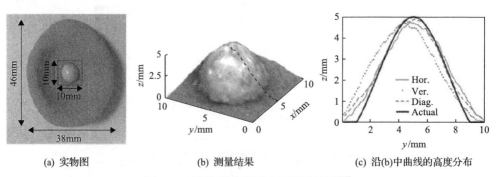

(a) 实物图　　　　　　(b) 测量结果　　　　　　(c) 沿(b)中曲线的高度分布

图 5-23　陶瓷颗粒模型表面测量结果[35]

参 考 文 献

[1] Tyler G, Thompson B. Fraunhofer holography applied to particle size analysis a reassessment. Journal of Modern Optics, 1976, (23): 685-700.

[2] Vikram C S, Thompson B J. Particle Field Holography. Cambridge: Cambridge Univ Pr, 2005.

[3] Meng H, Pan G, Pu Y, et al. Holographic particle image velocimetry: from film to digital recording. Measurement ence & Technology, 2004, (15): 673.

[4] Pajares G, Jesús Manuel de la Cruz. A wavelet-based image fusion tutorial. Pattern Recognition, 2004, 37(9):1855-1872.

[5] Huang J T, Shen C H, Phoong S M, et al. Robust measure of image focus in the wavelet domain. International Symposium on Intelligent Signal Processing & Communication Systems. IEEE, 2005.

[6] Kautsky J, Flusser J, Zitová B, et al. A new wavelet-based measure of image focus. Pattern Recognition Letters, 2002, (23): 1785-1794.

[7] Pu S L, Allano D, Patte-Rouland B, et al. Particle field characterization by digital in-line holography: 3D location and sizing. Experiments in Fluids, 2005, (39): 1-9.

[8] Singh D K, Panigrahi P K. Automatic threshold technique for holographic particle field characterization. Applied Optics, 2012, (51): 3874-3887.

[9] Satake S Z, Kunugi T, Sato K, et al. Three-dimensional flow tracking in a micro channel with high time resolution using micro digital-holographic particle-tracking velocimetry. Optical Review, 2005, (12): 442-444.

[10] Xu W, Jericho M, Kreuzer H, et al. Tracking particles in four dimensions with in-line holographic microscopy. Optics Letters, 2003, (28): 164-166.

[11] Malek M, Allano D, Coëtmellec S, et al. Digital in-line holography: influence of the shadow density on particle field extraction. Optics Express, 2004, (12): 2270-2279.

[12] Cheong F C, Krishnatreya B J, Grier D G. Strategies for three-dimensional particle tracking with holographic video microscopy. Optics Express, 2010, (18): 13563-13573.

[13] Latychevskaia T, Britschgi J, Fink H W. Holographic time-resolved particle tracking using 3d-deconvolution. Digital Holography & Three-dimensional Imaging, 2013.

[14] Chen W, Quan C, Tay C. Extended depth of focus in a particle field measurement using a single-shot digital hologram. Applied Physics Letters, 2009, (95): 201103.

[15] Wu Y C, Wu X C, Zhou B, et al. Coal particle measurement of pulverized coal flame with digital inline holography, Digital Holography and 3D Imaging (DH). OSA. Hawaii, 2013.

[16] Choo Y J, Kang B S. The characteristics of the particle position along an optical axis in particle holography. Measurement Science and Technology, 2006, (17): 761-770.

[17] Soontaranon S, Widjaja J, Asakura T. Extraction of object position from in-line holograms by using single wavelet coefficient. Optics Communications, 2008, (281): 1461-1467.

[18] Liebling M, Unser M. Autofocus for digital Fresnel holograms by use of a Fresnelet-sparsity criterion. Journal of the Optical Society of America A, 2004, (21): 2424-2430.

[19] Wu Y C, Wu X C, Yang J, et al. Wavelet-based depth-of-field extension, accurate autofocusing and particle pairing for digital inline particle holography. Applied Optics, 2014, 53(4): 556-564.

[20] Coëtmellec S, Lebrun D, Özkul C. Characterization of diffraction patterns directly from in-line holograms with the fractional Fourier transform. Applied Optics, 2002, (41): 312-319.

[21] Nicolas F, Coëtmellec S, Brunel M, et al. Application of the fractional Fourier transformation to digital holography recorded by an elliptical, astigmatic Gaussian beam. Journal of the Optical Society of America. A'Optics, Image Science & Vision, 2005, (22): 2569-2577.

[22] Boucherit S, Bouamama L, Benchickh H, et al. Three-dimensional solid particle positions in a flow via multiangle off-axis digital holography. Optics Letters, 2008, (33): 2095-2097.

[23] Moreno-Hernandez D, Andres B G. 3D particle positioning by using the Fraunhofer criterion. Optics and Lasers in Engineering, 2011, 49 (6): 729-735.

[24] Cheong F C, Krishnatreya B J, Grier D G. Strategies for three-dimensional particle tracking with holographic video microscopy. Optics Express, 2010, (18): 13563-13573.

[25] Tian L, Loomis N, Domínguez-Caballero J A, et al. Quantitative measurement of size and three-dimensional position of fast-moving bubbles in air-water mixture flows using digital holography. Applied Optics, 2010, (49): 1549-1554.

[26] Wu Y C, Wu X C, Wang Z, et al. Coal powder measurement by digital holography with expanded measurement area. Applied Optics, 2011, (50): H22-H29.

[27] Sato A, Pham Q D, Hasegawa S, et al. Three-dimensional subpixel estimation in holographic position measurement of an optically trapped nanoparticle. Applied Optics., 2013, (52): A216-A222.

[28] Buraga-Lefebvre C, Coetmellec S, Lebrun D, et al. Application of wavelet transform to hologram analysis: three-dimensional location of particles. Optics & Lasers in Engineering, 2000, (33): 409-421.

[29] Subbarao M, Choi T. Accurate recovery of three-dimensional shape from image focus. IEEE Transactions on Pattern Analysis and Machine Intelligence, 1995, (17): 266-274.

[30] Pech-Pacheco J, Cristóbal G, Chamorro-Martinez J, et al. Diatom autofocusing in brightfield microscopy: a comparative study. IEEE, 2000: 314-317.

[31] Yang G, Nelson B J. Wavelet-based autofocusing and unsupervised segmentation of microscopic images. IEEE/RSJ International Conference on Intelligent Robots & Systems. IEEE, 2003.

[32] Xie H, Rong W, Sun L. Wavelet-based focus measure and 3-D surface reconstruction method for microscopy Images. IEEE, 2006: 229-234.

[33] Wu Y C, Wu X C, Yao L C, et al. 3D boundary line measurement of irregular particle with digital holography. Powder Technology, 2016, (295): 96-103.

[34] Wu Y C, Wu X C, Lebrun D, et al. Intrinsic spatial shift of local focus metric curves in digital inline holography for accurate 3D morphology measurement of irregular micro-objects. Applied Physics Letters, 2016, (109): 121903.

[35] Özgürün B, Tayyar D Ö, Agiş K Ö, et al. Three-dimensional image reconstruction of macroscopic objects from a single digital hologram using stereo disparity. Applied Optics, 2017, (56): F84-F90.

[36] Wu X C, Gréhan G, Meunier-Guttin-Cluzel S, et al. Sizing of particles smaller than 5 μm in digital holographic microscopy. Optics Letters, 2009, (34): 857-859.

第6章 全息 PIV/PTV

粒子图像测速(PIV)和粒子追踪测速(PTV)技术是现代流体速度场测量的主要实验手段。二维 PIV/PTV 技术经过几十年的发展，其可靠性得到了大量的实验和模拟验证，并且发展出很多商业化仪器。三维 PIV/PTV 技术也在蓬勃发展，它主要通过结合传统的颗粒测速和三维成像技术来实现，如体视 PIV/PTV、层析 PIV/PTV、离焦 PIV/PTV、光场 PIV/PTV、全息 PIV/PTV 等。

PIV/PTV 的主要思路是通过连续两张以上的粒子图片或单张多曝光图片，来计算粒子的移动速度，进而得到粒子所在流场的速度。这些粒子可以是特意加入的微小示踪粒子，也可以是多相流中本身含有的颗粒物。PIV 和 PTV 所采用的硬件设备基本相同，主要包括光源、图像采集部分(跨帧相机、多次曝光相机、高速相机等)。两者的主要区别在于测速的算法。PIV 通过分析局部窗口区域粒子图像强度来确定诊断区域的总体位移/速度，而不需识别单个颗粒。整个视场可以根据需要分割成合适大小的窗口，计算每一块的位移/速度，合成后得到整个视场内的速度分布，分辨率取决于窗口的分割大小。PTV 则需要先识别图像中的颗粒，然后对不同帧中的颗粒进行匹配，得到颗粒的位移/速度。这些差异也决定了测量的特点：PIV 适合于高粒子浓度流场的测量，更关注流场速度，粒子应均匀地分布，粒度较小；PTV 更关注粒子本身，如燃烧的煤粉、雾化的液滴等，适用于粒子浓度较低的情况，并且需要单个颗粒能被成像系统分辨。

数字全息粒子图像测速/数字全息粒子追踪测速(digital holographic particle image/tracking velocimetry, DHPIV/DHPTV)结合全息术的三维成像原理和 PIV/PTV 的测速原理实现三维流场速度测量[1,2]。其优点是使用单个相机实现 3D-3C(3 dimensional-3 component)的测量，并且没有复杂的视场标定过程。

在 DHPIV 中，首先在流场中布满均匀示踪颗粒，利用片激光照射流场，被激光照射的颗粒会对激光造成散射，随后利用相机连续记录两帧全息图，然后重建两个目标场中粒子在三维空间中的分布。利用三维互相关计算等方法，对两幅图像中的粒子的空间坐标信息进行匹配，并得到诊断空间的速度矢量。

DHPTV 也是一种用于测量颗粒本身的技术方法。这些颗粒不是人为撒播的示踪颗粒，而是流场中存在的固体燃料、喷雾液滴、气泡、微生物、细胞等。除了测量的颗粒不同之外，DHPTV 与 DHPIV 的图像采集、颗粒重建、三维位置互相关匹配流程及实验装置基本类似。DHPTV 可以实现对各种颗粒物的三维空间分布、三维速度、二维形貌、等效粒径等多参数的同时测量[1,3-5]。在一些特殊应用中甚至可以得到颗粒的旋转[6]、三维边界[7]、复杂三维形貌[8]等信息。因此,DHPTV在近年来受到越来越多的关注,在三维流场、颗粒场分析方面具有很大的潜力。

6.1　DHPIV/DHPTV 图像的采集方式

本节主要介绍 DHPIV/DHPTV 图像的采集过程,因为 DHPIV 和 DHPTV 具有类似的采集设备,此处不作区分讨论。

根据曝光特性和记录次数的不同, DHPIV/DHPTV 的记录模式与传统PIV/PTV 的分类方式一致,可以分为四种:单帧长曝光模式、单帧多脉冲模式、多帧连续光模式、多帧多脉冲模式。相比传统 2D-PIV 技术,DHPIV 还记录了颗粒散射光与参考光的干涉条纹,因此其对图像的成像质量要求更高[2]。

单帧模式下,相机只拍摄一幅图像。当采用连续激光时,在相机单帧时间内,粒子处于长曝光状态下,即一次曝光,如图 6-1(a)所示。在曝光时间之内粒子图像是由于运动模糊形成的轨迹。轨迹的长度代表曝光时间内粒子的位移。这种模式主要有三个问题:一是无法确定粒子沿轨迹的哪个方向移动;二是当粒子较多时轨迹互相重叠,难以提取;三是长曝光和运动模糊本身会引入更多的噪声,并且会使颗粒不同时刻的干涉条纹互相叠加,严重影响图片重建效果。不过其实现方式比较简单,只需要一个相机和连续片激光。为了解决长曝光模式下颗粒运动模糊问题,可以采用单帧多脉冲模式,如图 6-1(b)、(c)所示。该模式依旧拍摄一幅图像,但是采用两次或两次以上脉冲曝光。每次曝光形成的粒子图像没有运动模糊,多次曝光的粒子成像在图像中叠加,因此一个粒子对应着多个点,这些点连接起来形成粒子运动的轨迹。

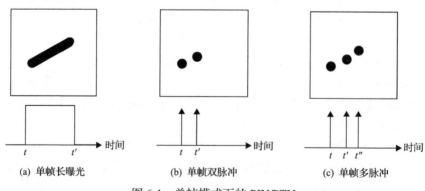

(a) 单帧长曝光　　　　　(b) 单帧双脉冲　　　　　(c) 单帧多脉冲

图 6-1　单帧模式下的 PIV/PTV

如图 6-2 所示,多帧模式即拍摄多幅图像。该模式下,每幅图像的拍摄时刻与粒子位置一一对应,因此可以确定颗粒的运动方向,解决了单帧模式下的第一和第二个问题。当采用连续激光，且在多帧时间内连续曝光时，即为多帧曝光模式，在该模式下，仍然有可能存在轻微的运动模糊，这取决于相机的快门时间。为了减轻运动模糊，一般可以采用短曝光时间的高速相机拍摄粒子图像。图 6-2(a)和(b)展示了多帧模式下单曝光和双曝光成像的情况，此模式下可以避开运动模糊的问题。图 6-2(c)展示了多帧模式下多脉冲曝光的情况。这种方法的优势是每幅图像只记录粒子在特定时刻的成像，成功地解决了上面提到的三个问题。实际上，如果多帧连续光模式的快门时间小到几乎可以消除运动模糊，效果与多帧多脉冲模式一样。通过同步高频脉冲激光照明产生干涉条纹和高速相机记录的粒子图像就是典型的多帧多脉冲模式。DHPIV 采用跨帧相机和同步的双脉冲激光器记录一对粒子图像，就是双帧双脉冲模式。

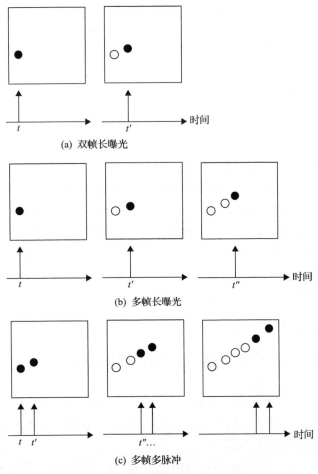

图 6-2　双帧或多帧模式的 DHPIV/DHPTV

空心圆圈表示粒子在先前帧中的位置；实心圆圈表示粒子在当前帧中的位置

6.2 DHPTV 颗粒匹配

目前，适用于图像颗粒匹配的算法多种多样，主要可以分为三类：相关类算法、基于邻近运动的经验算法和整场优化算法。相关类算法与 PIV 的相关算法相似，区别在于 PTV 关联的窗口以单个粒子而非规则分布的节点为中心划定。基于临近运动的经验算法是目前流体测试应用中的主流，依据的经验准则主要包括：最大速度约束、速度连续变化、邻近区域运动相似、匹配一致等，其早期典型代表是四帧算法。整场优化算法针对整个测试流场定义一个与全部粒子匹配相关的目标函数，通过各种优化方法获得最终的匹配收敛解。在 DHPTV 中，拍摄多个时刻的全息图，然后对全息图进行颗粒场三维重建、识别等操作以获得颗粒的几何信息，进而应用拉格朗日方法，对不同时刻的颗粒场进行匹配，跟踪颗粒在不同时候的位置，获得颗粒的三维速度。

6.2.1 两帧全息图颗粒匹配

1. 最近邻法[9]

当颗粒场为稀相时，颗粒之间的相互距离较大。两帧全息图像中，在其景深拓展图的采集时间间隔内，颗粒在相邻的两帧全息景深拓展图中的三维位移很小。若把第一帧全息景深拓展图中的颗粒坐标作为速度矢量的起点，以第一帧全息景深拓展图中的一个颗粒坐标为圆心，在第二帧图像中寻找与第一帧中选定颗粒距离最近的颗粒，认为它就是与第一帧中选定颗粒相匹配的颗粒，并将已匹配的颗粒做标记，继续进行同一帧图中其他粒子的匹配。该算法原理简单，运算速度很快，但算法精度较差，误匹配概率高。对于局部颗粒较为集中或流动状态剧烈变化的测量流场，很难得到正确的匹配结果。

2. 匹配概率法[10]

匹配概率法是利用颗粒群体运动特性进行颗粒匹配的方法，如图 6-3 所示。匹配概率法引入如下假设。

(1)最大速度：所有颗粒在两帧全息图中的位移有一个最大值，在计算开始时设定一个距离为位移最大值的邻域，颗粒只在这个邻域内寻找其匹配颗粒，距离大于这个邻域的颗粒则不匹配。

(2)小速度改变：示踪颗粒在两帧图像中只有很小的速度改变量。

(3)共同运动：在一个小邻域内的颗粒具有相似的共同运动。

(4)一一匹配：一般而言，颗粒在两帧图像中一一匹配，不会发生多个颗粒与一个颗粒匹配的情形。

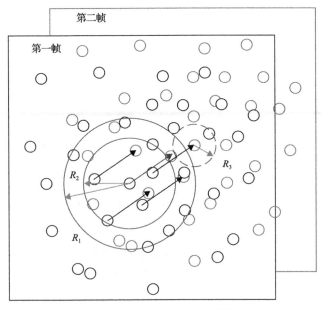

图 6-3　匹配概率法示意图

黑色颗粒为第一帧中匹配颗粒；R_2 为其邻域；R_1 为其第二帧中潜在匹配颗粒区域；R_3 为其允许速度波动范围

　　该算法物理概念清晰，且考虑了颗粒在第二帧中没有与之匹配颗粒的情况，与实际情况相符合。匹配概率法最初是为了处理二维 PTV 图像提出来的，可以拓展到三维 DHPTV 中。但在全息颗粒场中，颗粒浓度、位移等变化较大时，其参数设置需要根据实际情况做调整优化。

　　3. 极坐标系统相似度算法[11]

　　如图 6-4 所示，在第一帧全息图像中以粒子 i 为中心，半径为 R 设置一个查询区域 I，在第二帧全息图像中距离粒子 i 位置 R'（图中未标出）范围内选定备选粒子 j，也以 R 为半径画查询区域 J，S_{ij} 为两个选定粒子间的相似系数：

$$S_{ij} = \sum_{n=1}^{N} \sum_{m=1}^{M} H\left(\varepsilon_r - \left|r_{im} - r_{jn}\right|, \varepsilon_\theta - \left|\theta_{im} - \theta_{jn}\right|\right) \tag{6-1}$$

其中，ε_r 和 ε_θ 分别表示距离偏差和角度偏差的阈值，在颗粒匹配时需要选取最合适的阈值进行计算；r_{im} 和 θ_{im} 分别表示粒子 i 与查询区域 I 内粒子的距离和连线角度；r_{jn} 和 θ_{jn} 分别表示备选粒子 j 和查询区域 J 内粒子的距离和连线角度；M 和 N 表示查询区域 I 和 J 内的粒子数。$H(x, y)$ 是一个阶跃函数：

$$H(x,y)=\begin{cases}1, & x>0,y>0\\0, & 其他\end{cases} \tag{6-2}$$

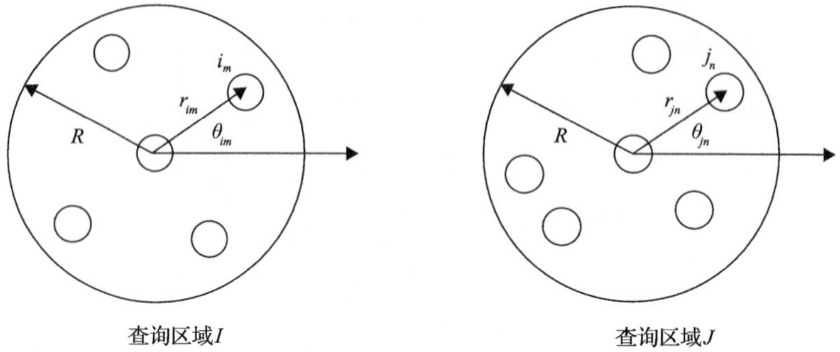

图 6-4 极坐标系统相似度算法示意图[11]

粒子 i 在第二帧全息图中的所有备选粒子 j 都可以根据式(6-1)得到一个相似系数，相似系数最大的候选粒子 j 即为粒子 i 的配对粒子。对第一帧全息图像中所有粒子进行上述配对步骤，就可以实现整幅图像的粒子配对过程。

4. PIV/PTV 联合法

首先，根据 5.2 节景深拓展技术，可以获得所有颗粒都聚焦的景深拓展图像。此外，根据 5.3 节可以获得颗粒的形貌、粒径等信息。因此，利用景深拓展图像，用 PIV 图像处理技术，获得颗粒场三维速度场的二维的速度场投影，该速度场可以用来指导匹配颗粒。同时，综合考虑颗粒的形貌、粒径等信息，计算待匹配颗粒的相似度，结合最近邻法与匹配概率法，进行颗粒匹配。

图 6-5 为自由下落的煤粉颗粒场的双帧 DHPTV 颗粒全息图的联合法匹配。背景图像为第一帧的拓展景深颗粒图，使得所有的颗粒图像都聚焦在图像上。颗粒匹配结果显示颗粒向上运动，与实际情况相符合，其能准确对颗粒运动进行匹配。

5. 人工智能颗粒匹配算法

人工智能算法是一类基于计算模型的寻优算法。遗传算法(genetic algorithm, GA)是一种典型的人工智能算法，它通过模拟自然界遗传机制和生物进化论来确定最优解。它将优化参数编码成染色体，按照适应度函数，对种群中的个体(每个个体都代表需要寻优问题的一种可能答案/方案)通过遗传操作(选择、交叉和变异操作)予以筛选，保留最优个体，淘汰适应度差的个体，代代循环操作，直至寻找到全局最优个体。算法基本要素包括染色体编码方法、适应度函数、运行参数和遗传操作。该算法属于新兴的匹配算法，其准确性有待考究。

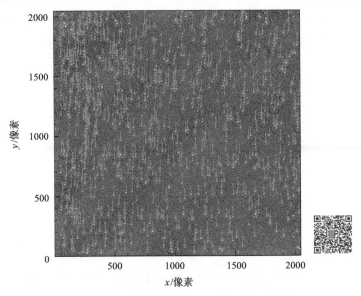

图 6-5 DHPTV 中颗粒匹配(彩图扫二维码)

黄色 "+" 符号表示第一帧中识别颗粒的质心；橙色 "○" 符号表示第二帧中识别颗粒的质心；
箭头表示匹配的颗粒速度矢量，从第一帧中颗粒指向第二帧中颗粒

Sheng 等提出基于遗传算法的颗粒匹配算法，采用流体力学理论知识等作为辨别准则，相比采用统计平均理论的传统算法，在大速度梯度和稀疏粒子密度的三维流场测量中具有更高的测量精度[12]。

6.2.2 连续多帧全息图颗粒匹配

高速数字全息技术可用于拍摄颗粒运动，而对于这样的多序列全息图需要进行连续多帧全息图颗粒匹配。基于 PIV/PTV 技术的连续多帧匹配算法可应用于多帧全息序列图的处理。

典型的算法是四帧图像粒子跟踪算法，该算法是对连续四帧图像进行颗粒跟踪。其原理是选取一个参考颗粒，然后计算四幅图像中所有可能的配对颗粒的位移和角度变化量，将最小的改变量认为是颗粒的运动路径。图 6-6 为四帧图像 PTV 算法的示意图[13]。在第一帧全息图中选取一个参考颗粒作为起始点(x_i)，然后在第二帧全息中以 x_i 位置为圆心，划取一个圆形区域作为查询区域(A_1)，半径由预先估计颗粒最大运动速度决定。基于第二帧全息查询区域的一部分，分别在第三帧和第四帧图像中选取查询区域(A_2 和 A_3)，一般使 $A_1 > A_2 > A_3$。第三帧全息图中查询区域的圆心在第一、第二帧全息中匹配的两个颗粒的连线延长线上，第四帧图像中查询区域的圆心也根据同样的方法确定，从而得到许多条参考颗粒 x_i 的可能运动路径。最后利用统计法来选取准确的路径。在颗粒匹配路径时，如果有

多于一条路径共用一个颗粒的情况出现，那错误的颗粒路径就要舍弃。对参考颗粒 x_i 的每一条可能路径，使用式(6-3)～式(6-5)计算总改变量。

$$位移改变量：\sigma_l = \sqrt{\frac{1}{3}\left[\left|d_{ij}-d_m\right|^2+\left|d_{jk}-d_m\right|^2+\left|d_{kl}-d_m\right|^2\right]} \tag{6-3}$$

$$角度改变量：\sigma_\theta = \sqrt{\frac{1}{2}\left[(\theta_{ik}-\theta_m)^2+(\theta_{jl}-\theta_m)^2\right]} \tag{6-4}$$

$$\sigma_t = \sqrt{\frac{\sigma_l^2}{\left|d_m\right|^2}+\sigma_\theta^2} \tag{6-5}$$

其中，$d_m = \frac{1}{3}(d_{ij}+d_{jk}+d_{kl})$；$\theta_m = \frac{1}{2}(\theta_{ik}+\theta_{jl})$；$d_{ij}=x_j-x_i$，$d_{jk}=x_k-x_j$，$d_{kl}=x_l-x_k$；$\theta_{ik}$ 表示 d_{ij} 和 d_{jk} 之间的角度；θ_{jl} 表示 d_{jk} 和 d_{kl} 之间的角度；$x_i \in F^1$，$x_j \in F^2$，$x_k \in F^3$，$x_l \in F^4$。

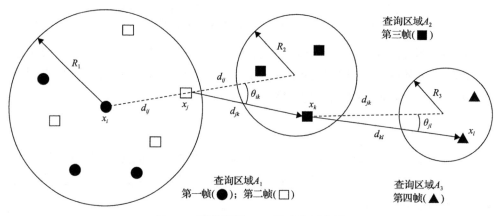

图 6-6　四帧图像 PTV 算法的示意图

最终，选取计算得到的总改变量 σ_t 最小的那条路径为参考颗粒 x_i 的运动轨迹。

6.2.3　DHPTV 中匹配颗粒的三维位移

1. 三维位置获取三维位移

根据 5.4 节颗粒定位，可以获得颗粒的三维位置，对比匹配颗粒在不同时刻的三维位置，则可以获取颗粒的三维速度：

$$v_x = \frac{x_2-x_1}{\Delta t} \tag{6-6}$$

$$v_y = \frac{y_2 - y_1}{\Delta t} \tag{6-7}$$

$$v_z = \frac{z_2 - z_1}{\Delta t} \tag{6-8}$$

其中，(x_1, y_1, z_1) 和 (x_2, y_2, z_2) 分别表示颗粒在第一帧和第二帧中的三维位置。

该方法简单且易于实施。在数字颗粒同轴全息的颗粒定位中，颗粒的横向位置 (x, y) 能够准确定位，采用亮度加权平均可以达到亚像素精度，因而横向速度 (v_x, v_y) 能通过式(6-6)和式(6-7)准确获取。颗粒纵向定位具有一定的误差 Δz_{err}，这个误差一般为颗粒粒径的若干倍，颗粒粒径在同一个数量级上。定位误差 Δz 远远小于记录距离 z，在远场情况下相对误差一般小于 2%。但这个误差通过式(6-8)传递到速度场 v_z 中时，v_z 的误差为

$$\Delta v_{z, \text{err}} = 2\frac{\Delta z_{\text{err}}}{\Delta t} \tag{6-9}$$

由于 Δt 很小，因而小的定位误差 Δz 会通过式(6-9)产生一个较大的速度误差 $\Delta v_{z, \text{err}}$，甚至误差大到式(6-8)的计算结果不可接受。例如，颗粒 z 轴定位误差为 $\pm 500\mu m$，DHPTV 中两帧的记录时间间隔为 100μs，z 轴速度误差 $\Delta v_{z, \text{err}}$ 为 $\pm 5m/s$。

2. 聚焦判据曲线互相关法获取 z 轴位移

为了避免颗粒 z 轴定位误差对颗粒 z 轴速度计算的影响，可以采用互相关法计算颗粒 z 轴位移。

数字颗粒全息中颗粒图像的形成包括颗粒全息图记录与重建过程，两个过程可以用点扩散函数来描述，如图 6-7 所示。颗粒图像可以用颗粒与点扩散函数的卷积来描述：

$$I_1(x, y, z) = \text{PSF}(x, y, z) \otimes T(x, y, z) \tag{6-10}$$

其中，$\text{PSF}(x, y, z)$ 表示数字颗粒全息系统的三维点扩散函数；$T(x, y, z)$ 表示颗粒。

在双曝光双帧模式下的 DHPTV 中，第二帧中同一个颗粒的重建图像为

$$I_2(x, y, z) = \text{PSF}_2(x, y, z) \otimes T_2(x, y, z) \tag{6-11}$$

颗粒图像在 DHPTV 中经过短的时间间隔 Δt 后的两帧全息图中可以满足以下假设。

(1)颗粒在两帧图像中除了位置变换外，没有其他的改变（如粒径改变）。

$$T_2(x, y, z) = T(x + \Delta x, y + \Delta y, z + \Delta z) \tag{6-12}$$

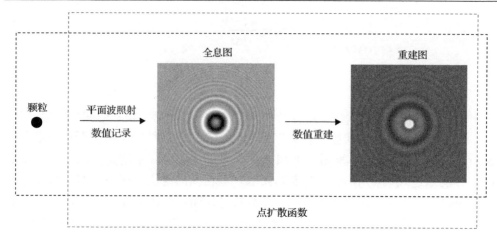

图 6-7　数字颗粒全息颗粒图像形成过程示意图

（2）颗粒在两帧中位移很小，以致与数字颗粒全息系统的点扩散函数的改变小到可以忽略，颗粒图像在两帧中点扩散函数相等。

$$PSF_2(x, y, z) = PSF(x, y, z) \tag{6-13}$$

根据上面两个假设，将式（6-12）和式（6-13）代入式（6-11），颗粒在第二帧中的图像为

$$I_2(x, y, z) = PSF(x, y, z) \otimes T(x + \Delta x, y + \Delta y, z + \Delta z) \tag{6-14}$$

根据 5.3 节对重建颗粒进行识别，并对识别颗粒进行定位，就能够准确获取颗粒在两帧中的横向位置 (x, y)、$(x + \Delta x, y + \Delta y)$。以颗粒的质心为中心取一个 ROI 窗口消除颗粒的横向位移效果，对颗粒进行定位。颗粒定位的聚焦判据曲线为

$$Fc_1(z) = FM\big[PSF(x, y, z) \otimes T(x, y, z)\big] \tag{6-15}$$

$$Fc_2(z) = FM\big[PSF(x, y, z) \otimes T(x, y, z + \Delta z)\big] \tag{6-16}$$

其中，$Fc_1(z)$ 和 $Fc_2(z)$ 分别匹配颗粒在第一帧和第二帧中的定位曲线；FM 表示颗粒定位方法。

对比式（6-15）和式（6-16），可以发现匹配颗粒在 DHPTV 中两帧的聚焦曲线在 z 方向上具有一个位移 Δz，即空间相关，而这种相关是由颗粒的位移 Δz 引起的。因此，可以利用颗粒聚焦曲线的空域相关性来直接测量颗粒在 z 方向的位移 Δz。聚焦曲线 $Fc_1(z)$ 和 $Fc_2(z)$ 的位移 Δz 可以用它们的互相关来测量：

$$\begin{aligned} cc_z(\tau) &= \int Fc_2(z) Fc_1(z + \tau) dz \\ &= \int Fc_1(z + \Delta z) Fc_1(z + \tau) dz \end{aligned} \tag{6-17}$$

式(6-17)中，当 $\tau = \Delta z$ 时，聚焦判据曲线的互相关系数达到最大值，因而颗粒在两帧中的位移为

$$\Delta z = \arg\max cc_z(\tau) \tag{6-18}$$

在上述的聚焦判据曲线互相关法测量颗粒 z 轴位移中，该方法直接测量 Δz，没有直接用到颗粒在两帧中 z 轴位置 z 和 $(z + \Delta z)$，因而避免了颗粒位置的测量误差对速度测量的影响。

6.2.4 DHPTV 颗粒 z 轴位移测量精度

采用模拟以及实验颗粒全息图对 5.4 节中聚焦判据曲线相关法测量 z 轴位移进行验证。

应用 4.1 节中基于光散射模型的双曝光/双帧 DHPIV/DHPTV 模拟程序，模拟出两张颗粒群全息图像对。全息图像对中颗粒为球形均匀颗粒，颗粒在两帧全息图中有一个三维位移 $(\Delta x, \Delta y, \Delta z)$。图 6-8(a)(b)为模拟出的不透明颗粒群($n=1.33$–i1)DHPTV 图像对，颗粒群粒径范围为 50～110μm，同时设定颗粒群在 z 轴上有位移 $\Delta z = 400\,\mu m$。图 6-8(c)为拓展景深的重建颗粒图像，图中所有颗粒都聚焦在

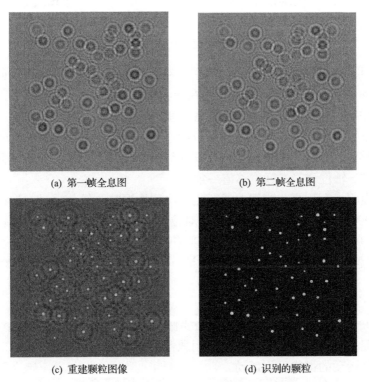

(a) 第一帧全息图　　　　　　　(b) 第二帧全息图

(c) 重建颗粒图像　　　　　　　(d) 识别的颗粒

图 6-8　模拟的颗粒群 DHPTV 全息图像对及其重建颗粒

图像上。图 6-8(d)为图像二值化后识别的颗粒,可以看出图 6-8(c)中所有的颗粒都被准确识别出来了。

图 6-9 为利用聚集判据曲线互相关来测量 z 轴位移的分析曲线。图 6-9(a)为图 6-8(a)和(b)中 ROI 示例颗粒 WGV 算法的归一化聚焦判据曲线。每一条聚焦判据曲线中具有一个明显的峰值趋势,在峰值区域附近,如图 6-9(a)中方框区域所示,聚焦曲线不平滑,且不是单调递增或递减,而是波动。峰值区域的最大值位置可认为是颗粒的实际聚焦位置。

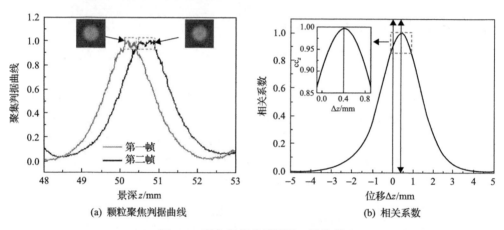

(a) 颗粒聚焦判据曲线　　　　　　　　　(b) 相关系数

图 6-9　聚集判据曲线测量 z 轴位移

对比图 6-9(a)中第一帧和第二帧中颗粒聚焦判据曲线,发现两条曲线之间有一个明显的位移,这种位移是由颗粒在两帧中的 z 轴位移引起的。图 6-9(b)为图 6-9(a)中第一帧和第二帧中颗粒聚焦判据曲线的归一化互相关系数曲线。归一化互相关系数单调递增,达到峰值后单调递减。峰值位置偏移 0.400μm,即为颗粒 z 轴位移。因此,根据颗粒聚焦判据曲线的归一化互相关系数峰值偏移求得的最优化颗粒 z 轴位移与实际位移值一致。

实验表明,利用聚焦判据曲线互相关法测量颗粒 z 轴位移时,颗粒 z 轴位移在 200~1000μm 范围内时,其测量的绝对位移误差随着位移增大而具有增大趋势,平均值在 20~50μm,测量的相对位移误差为 10%左右,表明颗粒 z 轴位移测量稳定,z 轴位移测量的准确性得到有效保证。

6.2.5　DHPIV 速度场提取

在 DHPIV 测量三维速度场中,不需要像 DHPTV 中那样对颗粒逐个进行识别、定位、匹配及 z 轴位移测量,而是利用颗粒群运动,用三维相关法、二维相关法测量颗粒群运动的最优平均运动。

1. 三维相关法

两帧全息图的重建三维颗粒光场在三维空间具有相关性，且这种相关主要是由颗粒场的位移造成的，因而颗粒场的三维速度可以用重建三维颗粒光场的三维互相关来获取：

$$\text{Cor}_{\text{3D}}(u,v,\tau) = \iiint I_2(x,y,z) I_1(x+u, y+v, z+\tau) \, dx dy dz \tag{6-19}$$

数值计算时，在第一帧和第二帧的重建三维颗粒光场中分别取一个大小为 $m \times n \times l$ 的三维图像块，计算其归一化三维互相关系数：

$$\text{Cor}_{\text{3D}}(u,v,\tau) = \frac{\sum_{i=0}^{i=m} \sum_{j=0}^{j=n} \sum_{k=0}^{k=l} \left[I_2(i,j,k) - \overline{I_2} \right] \left[I_1(i+u, j+v, k+\tau) - \overline{I_1} \right]}{\sum_{i=0}^{i=m} \sum_{j=0}^{j=n} \sum_{k=0}^{k=l} \left[I_2(i,j,k) - \overline{I_2} \right]^2 \sum_{i=0}^{i=m} \sum_{j=0}^{j=n} \sum_{k=0}^{k=l} \left[I_1(i+u, j+v, k+\tau) - \overline{I_1} \right]^2}$$

$$\tag{6-20}$$

其中，$\overline{I_1}$ 和 $\overline{I_2}$ 分别表示第一帧和第二帧中三维图像块的光场均值。求取归一化三维互相关系数的最大值，其相对于中心位置的偏移即为三维图像块中颗粒场的平均三维位移。

在三维互相关求取 DHPIV 中颗粒场速度方法当中，由于颗粒重建图像的聚焦特性在横向与纵向不同，球形颗粒的重建图像具有椭球形。因而三维互相关获得的速度场在横向与纵向的精度也会有不同。互相关计算中取了一个局部三维图像，要求图像内颗粒的运动速度相近，当三维图像内颗粒速度相差较大时，其所获得的颗粒场位移准确性会下降。此外，三维互相关时，要求三维图像块内的颗粒数量较多，因此它适用于浓相颗粒场。数字全息技术受限于数字相机感光芯片分辨率，它适用于稀相颗粒场，对浓相颗粒场测量能力有限。

其解决的方法是借鉴二维 PIV 中，将稳态稀相流场叠加来获得浓相颗粒场图像，拍摄一系列颗粒场的 DHPIV 全息图像对，对每张全息图进行三维颗粒场重建后，获得一系列重建的三维颗粒光场。重建光场中，颗粒处的亮度大于背景亮度，在此处直接设定一个亮度阈值，对颗粒进行筛选，大于亮度阈值的视为颗粒，小于亮度阈值的则视为背景区域。在颗粒区域内，直接取光强最大值作为整个区域的亮度；在背景区域内，则取光强最小值，这样可以使叠加颗粒场信噪比增大。对重建三维颗粒光场进行叠加：

$$I_{\text{overlap}}(x,y,z) = \begin{cases} \max\{I_k(x,y,z)\}, k=1,2,\cdots,N, & I_k(x,y,z) > I_{\text{th}} \\ \min\{I_k(x,y,z)\}, k=1,2,\cdots,N, & I_k(x,y,z) < I_{\text{th}} \end{cases} \tag{6-21}$$

其中，$I_{overlap}(x, y, z)$ 表示 N 张全息图叠加的重建三维颗粒场。

将 DHPIV 系列全息图像对的叠加三维颗粒场代入式（6-20），得到叠加三维颗粒场的归一化相关系数，其峰值相对于中心的偏移则为 DHPIV 系列全息图像对中颗粒的位移。

除了对重建三维颗粒光场进行叠加外，还可以先计算出前后两帧全息重建图像对的三维互相关函数 $\Phi_o(\delta x, \delta y, \delta z)$，再对得到的互相关函数取平均得到相关场的平均值 $\Phi_{ensemble}(x, y, z)$：

$$\Phi_o(\delta x, \delta y, \delta z) = \sum_{k=1}^{N_z} \sum_{j=1}^{N_y} \sum_{i=1}^{N_x} f_o(i, j, k) \cdot s_o(i + \delta x, j + \delta y, k + \delta z) \tag{6-22}$$

其中，f_o 和 s_o 分别表示前后两帧全息图像对的三维重建图。

$$\Phi_{ensemble}(x, y, z) = \frac{1}{N} \sum_{k=1}^{N} \Phi_k(x, y, z) \tag{6-23}$$

基于上述方法，采用全息图叠加的方法，将 500 张全息重建平面图进行叠加，再对其进行速度分析，可以得到图 6-10 所示的三维空间速度分布。

在叠加图像三维互相关中，需要一系列颗粒全息图像对，通过三维互相关获得的位移为局部三维空间内颗粒场的时均位移，因而要求在这个时均范围内颗粒场的速度场为稳态，没有发生大的改变，如层流、微通道内流动、稳态喷雾等。对于非稳态流场，如湍流等，颗粒场的速度随时间变化，通过叠加图像三维互相关获得的时均位移与瞬态位移差别很大，因而不适合。

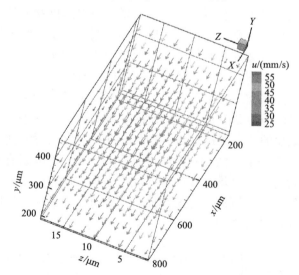

图 6-10　500 张全息重建平面图叠加后速度场分析结果

2. 二维相关法

DHPIV 全息图重建时，在每一个重建截面图像上，聚焦颗粒相当于二维 PIV 中的示踪颗粒图像。因此，可以用二维互相关来处理重建截面图像对，以获得该截面上二维速度场：

$$\text{Cor}_{2D}(u,v) = \frac{\displaystyle\sum_{i=0}^{i=m}\sum_{j=0}^{j=n}\left[I_2^z(i,j)-\overline{I_2^z}\right]\left[I_1^z(i+u,j+v)-\overline{I_1^z}\right]}{\displaystyle\sum_{i=0}^{i=m}\sum_{j=0}^{j=n}\left[I_2^z(i,j)-\overline{I_2^z}\right]^2\sum_{i=0}^{i=m}\sum_{j=0}^{j=n}\left[I_1^z(i+u,j+v)-\overline{I_1^z}\right]^2} \tag{6-24}$$

其中，I_1^z 和 I_2^z 分别表示 DHPIV 全息图像对的第一帧和第二帧颗粒全息图在 z 处的重建截面。对不同的 z 截面图像对进行二维互相关处理[式(6-24)]获得其二维速度，则可以获得三维空间内的二维速度场，即 3D-2C 速度场。

需要指出的是，在每个二维重建截面图像上，由于重建图像的景深有限，截面图像不仅包含了聚焦的颗粒，还包含了离焦的颗粒。与二维 PIV 一样，离焦颗粒会对二维互相关求取速度场有影响。此外，单个重建截面上的聚焦颗粒数量往往很少，而二维 PIV 互相关需要较多的颗粒。可以采用三维互相关法中的颗粒图像叠加技术来增加截面图像上颗粒密度，使二维互相关系数中峰值位置的信噪比更高；与三维互相关中颗粒图像叠加一样，要求颗粒场的速度场为稳态。

除了对每个截面图像对进行二维互相关获取速度场外，还可以利用式(6-24)二维互相关对 5.2 节中拓展景深的图像对 $I_{f,\text{EFI}}(f=1,2)$ 进行速度场提取。在 5.2 节中的拓展景深图像，重建三维空间内的颗粒都聚焦在拓展景深图像上，因而消除了离焦颗粒的影响。由于三维空间内所有颗粒都聚焦投影到了拓展景深的图像上，因而使用拓展景深的图像对获得的速度场为颗粒场的三维速度场在二维横向截面上的投影平均。图 6-11 为利用二维 PIV 互相关算法求取煤粉颗粒全息图像对拓展景深图像的二维速度场。同时，该二维矢量图可以用于指导颗粒的三维匹配。当颗粒场速度场在 z 轴方向上变化较小时，该方法适用；当颗粒场速度场在 z 轴方向上变化剧烈时，该方法会产生较大误差。

DHPIV 与 DHPTV 在测量颗粒速度场时各有优劣，可以将二者结合起来进行互补。DHPTV 跟踪单个颗粒的运动，因此它强烈依赖于颗粒匹配与定位。DHPIV 测量局部颗粒群运动，是一个局部优化统计平均值，不需要颗粒匹配与定位。在非稳态颗粒流场中，流场在时空上快速变化，为了获取三维瞬态流场随时间的演变，往往需要采用高频脉冲激光与高速相机，对全息图像对进行分析获得颗粒在流场中的三维位置信息，进而获得流场的 4D(3D 空间+1D 时间)特性。

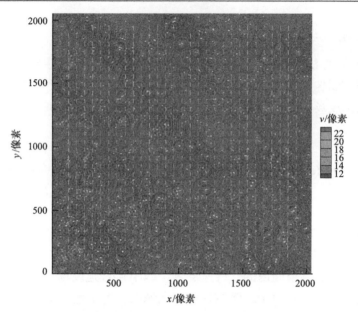

图 6-11　煤粉颗粒全息图重建拓展景深图像的 PIV 速度场

6.3　数字颗粒全息测量颗粒旋转

6.3.1　颗粒旋转测量分析

颗粒在运动过程中，不光有平动，还由于自身所受力矩不均衡而产生自身转动。数字颗粒同轴全息可以重建颗粒的形貌，对于非球形颗粒，当其自转不是绕着其旋转对称轴运动时，可以根据在不同时刻的颗粒形貌来测量颗粒的旋转运动。

由于旋转是一个周期运动，对于一个数字全息测量颗粒旋转系统，具有一定的测量范围。记相机记录的全息图像素为 Δx，颗粒的特征尺度为 D，则其相对于像素的无量纲特征尺度为 $N = D/\Delta x$，颗粒在重建截面上的平动速度和旋转速度分别为 v 和 ω，颗粒在两帧中的曝光时间间隔为 Δt。则颗粒质心在颗粒图像上相对于像素的无量纲平动位移为

$$\Delta L_t = \frac{v\Delta t}{\Delta x} \tag{6-25}$$

颗粒的转动角度为

$$\Delta\theta = \omega\Delta t = n\pi, \qquad 0 < n < 2 \tag{6-26}$$

不等式 $0 < n < 2$ 表示颗粒的旋转角度最多为 360°（即一个周期），因而可以测量的颗粒旋转速度范围为

$$0 < \omega < \frac{2\pi}{\Delta t} \tag{6-27}$$

颗粒由于自身转动而在颗粒图像上产生相对于像素的无量纲位移为

$$\Delta L_r = \frac{D\Delta\theta}{\Delta x} = N\omega\Delta t \tag{6-28}$$

为了同时测量颗粒的平动与转动，平动位移和转动位移需要有若干像素 m，假设最少为一个像素：

$$\Delta x < \Delta L_t < m\Delta x, \qquad m > 1 \tag{6-29}$$

$$\Delta L_r > \Delta x \tag{6-30}$$

将式(6-29)代入式(6-25)，可以得到

$$\frac{\Delta x^2}{\Delta t} < v < \frac{m\Delta x^2}{\Delta t} \tag{6-31}$$

将式(6-28)代入式(6-30)，可以得到

$$\omega > \frac{\Delta x^2}{D\Delta t} \tag{6-32}$$

将式(6-32)代入式(6-27)，可以得到关系式：

$$\Delta x^2 < 2\pi D \tag{6-33}$$

将式(6-26)代入式(6-31)，然后结合式(6-31)与式(6-33)，可以得到关系式：

$$\omega > \frac{vn}{2mD} \propto \frac{v}{D} \tag{6-34}$$

式(6-34)表明了准确测量颗粒的旋转速度时颗粒旋转速度与颗粒平动速度、特征尺度的关系。要求颗粒的旋转速度正比于平动速度与特征尺度的比值，当颗粒平动速度越大，颗粒的旋转速度也要求越大；颗粒的特征尺度越大，则待测量的颗粒旋转速度越小。因此，大颗粒在低速情况下比较适合测量颗粒旋转。假设颗粒速度为 1m/s，颗粒的特征尺度为 1mm，则要求颗粒的旋转速度为 1000rad/s，此时颗粒的旋转速度要非常大时才能准确测量。事实上，不规则颗粒的运动可能同时还有三维平动和三维旋转。在同轴全息系统中，不规则颗粒的旋转由全息图

像对中的颗粒前向投影图得到，因此只能测量二维旋转。

6.3.2 颗粒旋转测量

第 5 章已对不规则颗粒的表面三维形貌、三维边界测量做出了介绍，6.2 节也已给出不规则颗粒的三维平动速度求解方法。获得颗粒三维边界后，理论上可以通过寻找特征点进行三维旋转测量，得到旋转参数 $(\omega_x, \omega_y, \omega_z)$，特征点数目至少为 3 个。在煤粉颗粒三维边界上选取三个特征点 $A(x_1, y_1, z_1)$、$B(x_2, y_2, z_2)$ 和 $C(x_3, y_3, z_3)$，颗粒经过三维旋转运动后，在下一帧图像上颗粒三维边界上对应的三个特征点为 $A'(x_1', y_1', z_1')$、$B'(x_2', y_2', z_2')$ 和 $C'(x_3', y_3', z_3')$。通过旋转前后的特征点关系可获得三维旋转参数：

$$f'(x_i', y_i', z_i') = f(x_i, y_i, z_i, \omega_x, \omega_y, \omega_z), \qquad i = 1, 2, 3 \tag{6-35}$$

需要说明的是，要准确得到颗粒的三维旋转参数，颗粒的旋转量不应过大，两帧图像的颗粒三维边界要相似，以利于寻找特征点。为了使计算更为准确，可以选取多个特征点。

常规的气固流动中，颗粒相的平动中伴随着旋转运动，但是平动往往远大于旋转运动，其相互关系很难满足式(6-34)的要求。图 6-12 为声悬浮的煤粉颗粒旋转运动测量实验系统示意图，系统主要包括超声波发生器、超声波换能器、变幅杆、发射端、反射端、调谐手柄和频率调节器。采用 DHPTV 技术，拍摄声悬浮煤粉颗粒的全息图像对，用来测量颗粒的旋转。

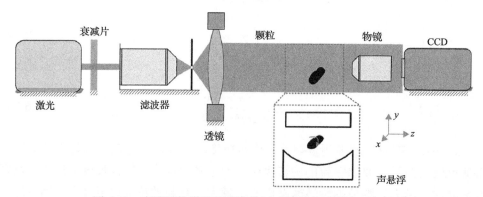

图 6-12　声悬浮的煤粉颗粒旋转运动测量实验系统示意图

图 6-13(a)(b) 为拍摄的声悬浮场中旋转煤粉颗粒的全息图像对及其重建颗粒的聚焦图像，两帧图像之间的时间间隔为 100μs。重建聚焦图像的边沿轮廓清晰，可以用一个合适的阈值将图像二值化，获得颗粒的粒径与形貌。

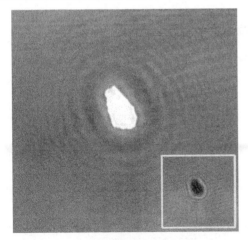 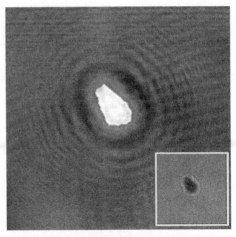

(a) 第一帧全息图颗粒重建聚焦图像　　　　　(b) 第二帧全息图颗粒重建聚焦图像

图 6-13　旋转的声悬浮煤粉颗粒全息图像对

　　为了对比颗粒在两帧中的形貌及其旋转运动，将获得的颗粒形貌融合在同一张图像中，如图 6-14(a)所示，图中白色区域为第一帧和第二帧中颗粒图像的重叠区域，粉紫色区域加上白色区域为第一帧中颗粒图像，绿色区域加上白色区域为第二帧中颗粒图像。由图 6-14(a)中颗粒图像可以发现，颗粒图像在两帧之间具有一个明显但微小的旋转，在 x-y 平面的旋转角度 ω_z 为 7.4°，对应的颗粒转速为 206r/min。为了验证结果的正确性，对第一帧中的颗粒图像旋转 7.4°，然后将第一帧与第二帧中颗粒图像进行融合，如图 6-14(b)所示。颗粒在两帧中的图像几乎完全重合，表明颗粒的旋转速度测量准确。

(a) 颗粒在两帧中的融合图像　　　　　　　(b) 第一帧颗粒旋转后的融合图像

图 6-14　声悬浮颗粒旋转测量

参 考 文 献

[1] 吴迎春. 数字颗粒全息三维测量技术及其应用. 杭州: 浙江大学, 2014.

[2] Meng H, Pan G, Pu Y, et al. Holographic particle image velocimetry: from film to digital recording. Measurement Science and Technology, 2004, (15): 673.

[3] Wu Y C, Yao L C, Wu X C, et al. 3D imaging of individual burning char and volatile plume in a pulverized coal flame with digital inline holography. Fuel, 2017, (206): 429-436.

[4] Gao J, Guildenbecher D R, Reu P L, et al. Quantitative, three-dimensional diagnostics of multiphase drop fragmentation via digital in-line holography. Optics Letters, 2013, (38): 1893-1895.

[5] Katz J, Sheng J. Applications of holography in fluid mechanics and particle dynamics. Annual Review of Fluid Mechanics, 2010, (42): 531-555.

[6] Wu Y C, Wu X C, Yao L C, et al. Simultaneous measurement of 3D velocity and 2D rotation of irregular particle with digital holographic particle tracking velocimetry. Powder Technology, 2015, (284): 371-378.

[7] Wu Y C, Wu X C, Yao L C, et al. 3D boundary line measurement of irregular particle with digital holography. Powder Technology, 2016, (295): 96-103.

[8] Yao L, Chen J, Sojka P E, et al. Three-dimensional dynamic measurement of irregular stringy objects via digital holography. Optics Letters, 2018, (43): 1283-1286.

[9] 禹明忠. PTV 技术和颗粒三维运动规律的研究. 北京: 清华大学, 2002.

[10] Baek S, Lee S. A new two-frame particle tracking algorithm using match probability. Experiments in Fluids, 1996, (22): 23-32.

[11] 胡永亭, 邵建斌, 陈刚. 几种 PTV 算法的比较研究. 第二十一届全国水动力学研讨会暨第八届全国水动力学学术会议暨两岸船舶与海洋工程水动力学研讨会文集. 上海, 2008.

[12] Sheng J, Meng H. A genetic algorithm particle pairing technique for 3D velocity field extraction in holographic particle image velocimetry. Experiments in Fluids , 1998, (25): 461-473.

第7章 燃烧流场中颗粒全息测量

燃烧广泛存在于生活及工业应用中，如电厂中的煤粉/生物质燃烧、火箭发动机燃烧室中固体推进剂金属燃烧以及喷雾燃烧等。近年来，诸多定性和定量光学诊断技术被用于燃烧诊断应用。然而受限于强烈发光的火焰影响对火焰场中的颗粒进行可视化诊断仍然具有很大的挑战性。

与传统的直接摄影技术相比，数字全息摆脱了火焰强光的干扰，可以拍摄到火焰内部的颗粒，这也使得全息技术逐步在燃烧诊断中得到应用。它能够得到燃烧场中颗粒的三维粒径分布、速度分布、旋转等，并且突破了相机景深的限制，能够得到大景深尺寸的颗粒分布信息。同时，由于高温颗粒或者着火颗粒周围气体区域的散射光特性与火焰锋面的光学特性不同，全息技术甚至可以用来定性地分析气相产物和火焰区域结构。本章对数字全息技术在煤粉、固体推进剂金属颗粒等几种典型的燃烧场景以及爆炸过程中的应用进行了介绍。

7.1 燃烧场对燃烧颗粒测量的影响

以单个颗粒为例，下面简要阐述包含火焰的复合颗粒全息模型。在单相颗粒同轴全息中，物光 O 主要为颗粒衍射光，而对于周围存在包裹火焰或者气相产物的燃料颗粒而言，将其整体视为一个复合颗粒，即这个颗粒的内部是燃料，外部是具有大折射率梯度的气相产物或者火焰层。如图 7-1 所示。简单来讲，这样的一个复合颗粒是一个变折射率的物体。当入射激光射到物体上时，产生的物光相对复杂。

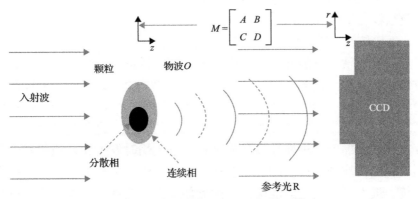

图 7-1 复合颗粒同轴全息示意图[1]

可以将物光分解为如下几个部分。

(1)火焰锋面衍射光：在火焰反应锋面上，锋面内外两边存在较大的温度梯度与组分梯度；此外，火焰面上存在大量的反应基团与离子，如羟基等。由于折射率与气体温度、组分及离子浓度有关，因而在火焰面上存在一个急剧变化的折射率梯度，对入射激光产生衍射，该部分记为 $U_{f,d}$。这部分光在重建聚焦图像上表现为火焰的外轮廓。

(2)火焰内部透射光：从火焰锋面到火焰中心存在较大的温度梯度与组分梯度，相应地，也存在一个折射率梯度。激光穿过这个梯度介质时，其相位发生变化，该部分记为 $U_{f,t}$。这部分光使得重建火焰内部与燃料颗粒在亮度上具有一个较大的对比度，从而可以对两者进行区分。需要注意的是，当气体火焰中存在较浓的细微颗粒物时，则需要考虑介质本身的消光系数。

(3)燃料颗粒衍射光：进入气体火焰的激光与燃料颗粒相互作用，这部分衍射光记为 $U_{p,d}$，该部分物光重建后对应于燃料颗粒的投影形貌。

(4)燃料颗粒透射光：当燃料颗粒透明时，透射进入气体火焰的激光与燃料颗粒相互作用时，除了主要的衍射光外，还有一部分激光透过燃料颗粒，记为 $U_{p,t}$。该部分光表现为在颗粒重建聚焦图像的中心位置存在一个亮斑。这种情况一般出现在透明燃料液滴中，当燃料颗粒不透明时，该部分不存在。

(5)颗粒产物衍射光：燃料燃烧后可能生成产物，进一步团聚形成明显的小颗粒时，也会对入射激光造成衍射，形成衍射光，这部分记为 $U_{a,d}$，对应于重建后获得颗粒团聚物的图像。

综上所述，燃料颗粒与燃烧火焰复合颗粒的全息模型中主要包含的物光信息为

$$O = \underbrace{U_{f,d} + U_{f,t}}_{\text{气相火焰}} + \underbrace{U_{p,d} + U_{p,t}}_{\text{燃料颗粒}} + \underbrace{U_{a,d}}_{\text{产物颗粒}} \tag{7-1}$$

式(7-1)即为燃烧颗粒全息模型。一般而言，燃料颗粒衍射光最强，火焰锋面衍射光及颗粒产物衍射光次之；而火焰内部透射光虽然比较强，但是其扰动小，条纹对比度比较低；燃料颗粒透射光及其条纹则非常弱，一般可以忽略。

尽管数字同轴全息能够对火焰中的燃烧颗粒场进行三维测量，但这种干涉成像方法依然存在一定的局限性，其中很大一部分原因是折射率梯度的存在。在燃烧场中，燃烧、流动等因素会在流场中诱发强烈的湍流。而在湍流介质中，各个区域中组分、温度、浓度等参数存在很大的差异，这些差异会引起空间折射率存在很大的梯度，进而导致激光束在穿过火焰时发生像差和相移，引起相机平面上复光场波动。像差的存在会扭曲全息条纹，影响全息重建结果中粒子图像质量，进而影响测量的准确性。因此如果发生严重的像差应该进行相关补

偿。通常，采用离轴全息的光路布置方案，可以有效削弱火焰对颗粒定位精度的影响。

7.2　煤粉燃烧全息测量

7.2.1　煤粉燃烧颗粒场测量

煤粉在燃烧过程中会经历一系列变化，包括挥发分析出、着火、破碎、焦炭燃烧、污染物生成等复杂过程，这些过程都会导致颗粒形态的变化。煤粉颗粒大小是物理性质中最基本也是最重要的物理参数，它对煤粉颗粒的几何形状、颗粒密度、比表面积、孔隙结构等有较大影响。采用如图 7-2 所示的测量系统，通过将不同高度的煤粉颗粒全息重建图拼接，得到煤粉射流火焰中燃烧煤粉颗粒的数字全息测量的整体煤粉燃烧颗粒空间分布图，如图 7-3（a）所示。图 7-3（b）收集了粒径大于 50μm 的颗粒的样本，显示了煤粉颗粒清晰的不规则形貌，这也是数字全息技术的优势。图 7-3（c）展示了射流煤粉火焰中燃烧煤粉颗粒的粒径及三维空间分布，凸显了数字全息三维测量的优越性。

图 7-4 为煤粉射流火焰中燃烧煤粉颗粒粒径分布及其颗粒尺寸累计分布，粒径主要分布在 20～160μm 之间，其平均粒径为 54.8μm，煤粉粒径分布为非对称型，与筛分结果一致，证明了全息测量燃烧煤粉粒径的有效性及准确性。除了统

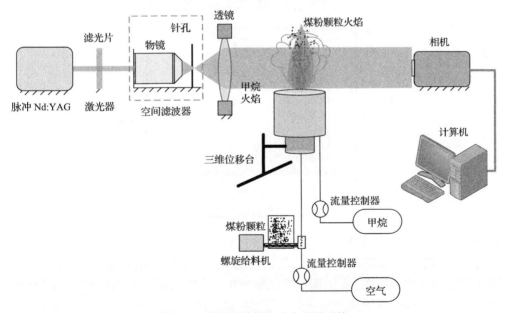

图 7-2　煤粉颗粒燃烧全息测量系统

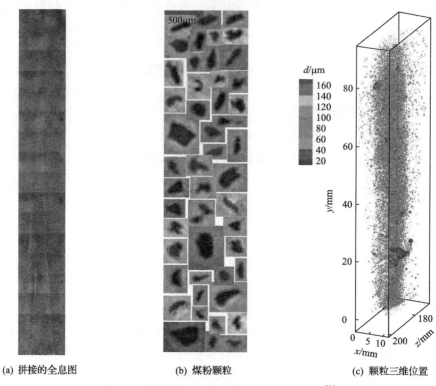

(a) 拼接的全息图　　　　　(b) 煤粉颗粒　　　　　(c) 颗粒三维位置

图 7-3　煤粉射流火焰中煤粉颗粒测量结果[2]

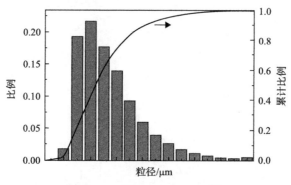

图 7-4　煤粉颗粒粒径分布[2]

计煤粉颗粒的三维位置和粒径分布，还可以利用全息技术测得的信息得到煤粉颗粒的空间浓度分布图。图 7-5 为煤粉射流火焰中重建颗粒空间分布概率云图。图 7-5(a)为煤粉颗粒在 x-y 平面上的概率分布，在纵剖面(x-y 平面)中，由于热和射流膨胀，分散的煤颗粒沿流动方向急剧扩散。图 7-5(c)的等高颗粒数密度切片图展示了颗粒浓度三维空间的演变。

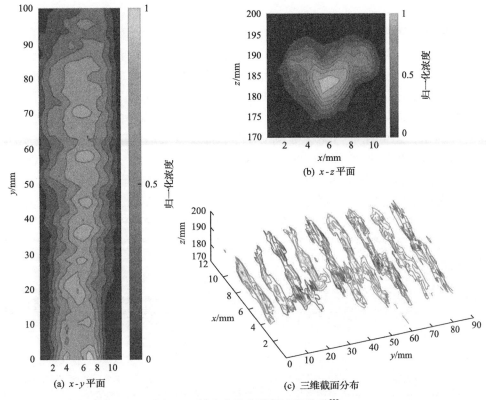

(a) x-y 平面　(b) x-z 平面　(c) 三维截面分布

图 7-5　射流火焰中颗粒浓度分布[2]

除了煤粉颗粒粒径、三维位置及浓度分布等信息，数字全息还可测得煤粉颗粒的三维运动速度。对全息景深拓展图进行颗粒识别、定位、匹配等处理后，得到如图 7-6 所示的煤粉在燃烧过程中的二维截面及三维空间速度分布[3]。

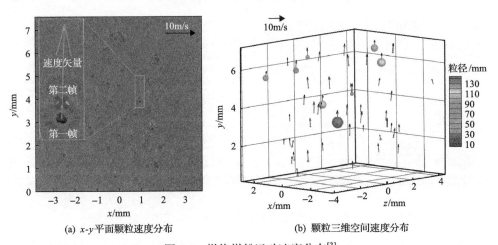

(a) x-y 平面颗粒速度分布　(b) 颗粒三维空间速度分布

图 7-6　燃烧煤粉运动速度分布[3]

7.2.2　煤粉燃烧脱挥发分过程

煤粉燃烧早期的脱挥发分过程在整个燃烧过程中起着重要的作用，因为它不仅决定了挥发分的释放和燃烧，而且对后续的焦炭燃烧、灰分及污染物的形成有重要的影响。挥发分燃烧过程和粒子形态的演化也可以通过全息技术观察到。利用数字同轴全息技术，不仅可以得到煤粉射流火焰中颗粒粒径三维位置、速度等变化，还可观察燃烧煤粉颗粒破碎、挥发分火焰和碳烟演变等煤粉燃烧过程的典型现象。图 7-7 为典型的燃烧煤粉颗粒全息图，对应的全息图类型有同心条纹[图 7-8(a)]、平行曲线[图 7-8(c)][4]。这些条纹不仅记录了煤粉颗粒的信息，也包括煤粉燃烧过程中产生的挥发分火焰及碳烟颗粒的信息，其对应的全息重建图见图 7-8。从图 7-8 可以看出，挥发分火焰的结构与煤粉颗粒大不相同，存在几种典型的挥发分火焰模型，包括包络挥发分火焰、连接尾流火焰、分离尾流火焰以及侧边挥发分火焰。

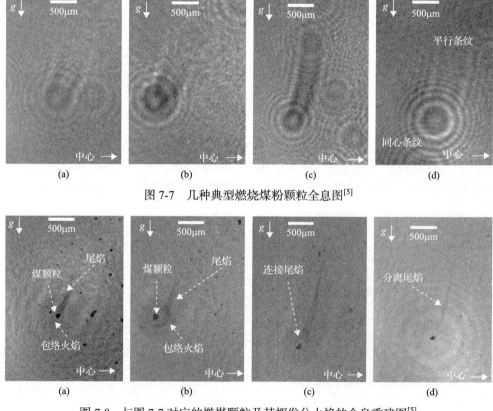

图 7-7　几种典型燃烧煤粉颗粒全息图[5]

图 7-8　与图 7-7 对应的燃煤颗粒及其挥发分火焰的全息重建图[5]

数字同轴全息技术还被用于深入研究不同煤种的脱挥发分过程的差异[6]。选用的煤种分别为山西烟煤、锡盟褐煤和印尼褐煤，颗粒粒度范围为 105～125μm。

图 7-9 显示了山西烟煤在 20%氧量的工况下，火焰高度 1cm 处的燃烧过程及观察到的煤粉颗粒脱挥发分过程典型现象。图中大圆圈内颗粒表面笼罩一层暗云，且随着时间的继续，暗云逐渐加深，这表明煤脱挥发分过程中生成了不透明的物质，由于颗粒与气流存在速度差，新生成的物质更易随着气流运动，因而暗云逐渐远离颗粒表面。至 4.5ms 时，能分辨出挥发分物质与母颗粒的分离。

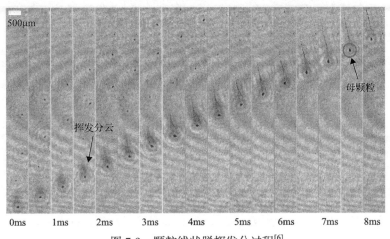

图 7-9　颗粒线状脱挥发分过程[6]

通过追踪颗粒线状脱挥发分过程中颗粒，包括原始颗粒和脱挥发分过程产物，提取连续时间内的颗粒的空间位置和速度信息，将颗粒运动还原到三维空间内，能够对整个脱挥发分过程有更准确的把握，得到图 7-10 中颗粒在空间内的运动轨

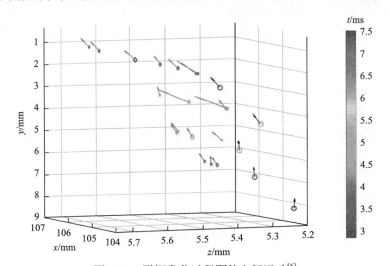

图 7-10　脱挥发分过程颗粒空间运动[6]

迹。从图中可以发现母颗粒在运动过程中不断生成新的小颗粒，且出现小颗粒的速度大于母颗粒的情况。

　　煤粉燃烧脱挥发分过程中颗粒的一次破碎也可以用高速数字全息记录。图 7-11 是用高速数字同轴全息拍摄处理得到的锡盟褐煤三种破碎模式，分别是颗粒中心破碎、颗粒外部破碎和混合破碎(先外部破碎后中心破碎)。

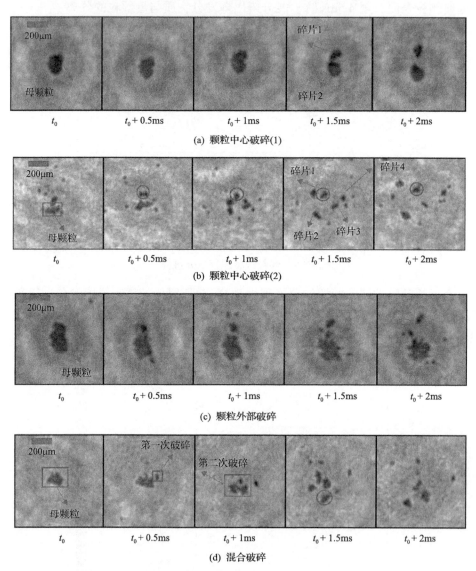

(a) 颗粒中心破碎(1)

(b) 颗粒中心破碎(2)

(c) 颗粒外部破碎

(d) 混合破碎

图 7-11　煤粉一次破碎的三种模式

7.3　固体推进剂燃烧全息测量

自 20 世纪 50 年代以来，金属铝作为火箭推进剂中的燃料添加剂，被用于大型固体火箭助推器或火箭发动机推进剂。研究表明，在固体推进剂中加入铝颗粒，可以大幅度提高推进器的比冲(I_{sp})并提高火焰温度。同时，铝颗粒作为一种黏性粒子有助于减缓燃烧室内的高频不稳定性[7]。但与此同时，含铝推进剂在燃烧过程中存在很多实际问题，如铝在燃烧过程中会产生 Al_2O_3 烟雾，导致两相流损失、存在绝热层烧蚀恶化和残渣沉积等严重问题。因此，铝颗粒燃烧行为的研究对含铝推进剂燃烧机理的研究具有重要意义，并可用于判断发动机工作稳定性。

目前，用于研究含铝推进剂燃烧的直接拍摄法大部分情况下需要安装长距离工作显微镜头进行测量，难以保证金属颗粒在燃烧过程中一直位于焦平面上，只能捕捉少量的离焦燃烧颗粒，且无法获得颗粒的三维形貌。国内外学者采用典型的数字全息测量系统，对推进剂羽流包裹下的铝液滴燃烧也进行可视化测量研究。在铝粉燃烧的全息测量应用中，重点关注了熔融铝粉颗粒的粒径、速度、三维位置、包络火焰及不规则燃烧产物等信息，应用的全息测量系统也根据测量需求或其他因素而不断调整。图 7-12 为一种典型的全息测量设备，该装置耦合了同轴全息与离轴全息，能够分别开展同轴全息与离轴全息测量。当左侧的分束镜不存在时，该装置为同轴全息测量系统；当右侧的分束镜存在时，该装置为离轴全息测量系统。

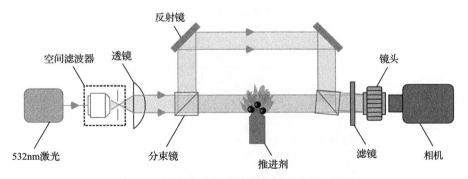

图 7-12　同轴全息与离轴全息耦合的测量装置

图 7-13(a)是推进剂药条燃烧时的状况，铝颗粒燃烧时会发出明亮耀眼的白光，这在很大程度上阻碍了一些直接成像方法的应用，而数字全息技术通过主动发射的高相干性激光来成像，能够有效地避开火焰的干扰，同时能够对颗粒周边

的火焰区域进行定性可视化。图 7-13(b) 是推进剂燃烧火焰场中，燃料表面区域的同轴全息重建图，从图中可以清晰观察到从燃料表面溅射出着火颗粒及其周边的包裹火焰、尾流产物等。图 7-14 示出了推进剂燃烧时，其周围颗粒场的全息拍摄结果，图 7-14(b) 是其颗粒三维空间分布、粒径大小的分析结果。这些结果表明，同轴全息技术是一种有效的复杂流体三维成像技术，全息技术可以较准确地测量颗粒粒径信息，并对其空间位置进行定位。

通常数字全息技术结合高速摄影，能够以超过 20000 帧的速度来拍摄推进剂颗粒的燃烧，追踪单颗粒的整个燃烧过程，对其火焰包裹层、尾流产物、随流运动、形态演变等参数进行表征，适合对此类剧烈迅速的反应过程进行测量。

(a) 推进剂药条燃烧火焰

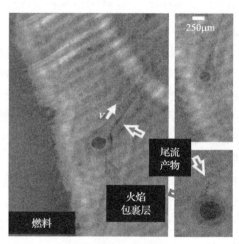

(b) 数字同轴全息拍摄结果

图 7-13　含铝推进剂高速数字全息拍摄结果

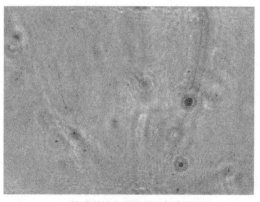

(a) 推进剂燃烧场颗粒全息重建图

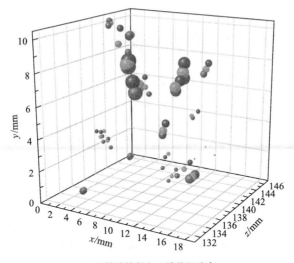

(b) 颗粒的粒径与三维位置分布

图 7-14 推进剂颗粒空间三维分布

图 7-15 展示了采用双视角层析全息拍摄金属铝柱燃烧过程的全息图及全息重建图。从图中可以发现一些有趣的现象，例如，相机 1 视图中圆圈圈出的颗粒由于其右侧大颗粒的阻挡在相机 2 视图中不可见；大颗粒燃烧产生的尾迹在相机 1 视图中倾斜向上，而在相机 2 视图中几乎是垂直向上的。这些都很难在单视角全息技术当中体现出来，因此层析全息技术在测量较密颗粒场以及燃烧现象等复杂颗粒场时具有一定的优势。

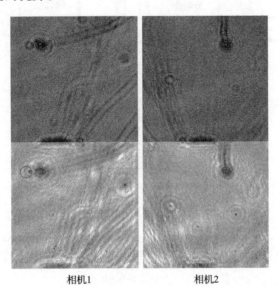

相机1　　　　　　　相机2

图 7-15 双视角层析全息测量金属铝柱燃烧实验结果

7.4　冲击爆炸碎片颗粒全息测量

　　爆炸是一种非常迅速的物理或化学能量释放过程。爆炸碎片的测量分析在炮弹、地雷、特种子弹等爆炸物的爆破性能研究中具有重要意义。全息技术也可以用于爆炸生成的高速碎片云、颗粒的测量中，获取爆炸碎片的产生、爆炸后各个碎片空间分布及运动速度、轨迹等信息。

　　在冲击、爆炸生成的高速运动碎片场测量中，碎片运动速度往往可以达到数千米每秒。由于速度非常快，为了避免物体冲击碎片在拍摄时形成拖影，一般利用脉冲激光器作光源。

　　图7-16展示了基于脉冲激光同轴数字全息技术测量超高速碰撞碎片云三维结构参数的试验方案[6]，试验时直径为 2.25mm 的弹丸通过二级轻气炮加速到 3.6km/s，撞击厚度为 0.5mm 的铝板，采用脉宽为 8ns 的激光和分辨率为 3248 像素×4872 像素的相机构建脉冲激光数字全息系统对其碎片进行成像测量。

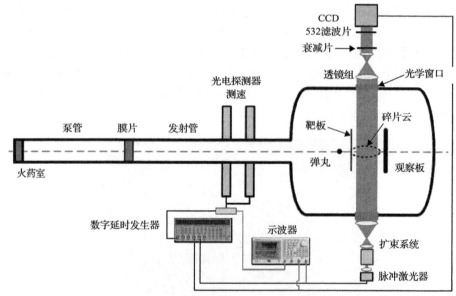

图 7-16　用于超高速碎片云测量的脉冲数字全息技术实验示意图

　　记录的碎片云全息图如图 7-17(a) 所示。经过多次 z 轴重建并进行景深拓展，可以得到重建碎片云，如图 7-17(b) 所示，记录视场中心距离靶面 5.5cm，弹丸向 x 轴方向运动，记录到大量冲击碎片，大、小碎片的轮廓均可以清楚呈现，碎片形状不规则，速度 v_x=2~3km/s，v_y=0.2~0.6km/s。

　　拍摄到碎片云的结构分成三部分：

(1)碎片云的前端，主要由弹丸撞击靶板后靶板的破裂形成，碎片较分散，粒径在几十微米到 500μm 之间，速度接近弹丸速度；

(2)碎片云的核心，主要由弹丸的破碎形成，碎片数量多，存在大碎片，且分布较集中，速度与碎片云前端速度接近；

(3)碎片云的外壳，由弹丸后部层裂形成，分布稀疏，扩散范围广。

基于全息技术，碎片云的位置及等效粒径分布图参数如图 7-18 所示。碎片云的三维结构及分布得到了良好地呈现，这些测量结果证明了全息技术在高速、超高速颗粒运动场合的测量适用性。

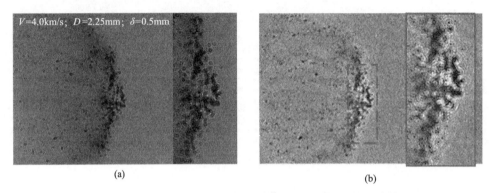

图 7-17　记录和重建的超高速碰撞碎片云全息图及其重建结果

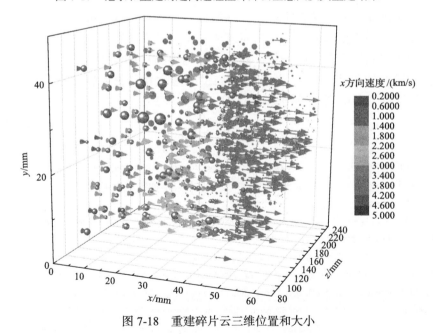

图 7-18　重建碎片云三维位置和大小

图 7-19 显示出了采用最近邻法结合碎片的形貌及所获得的碎片云三维速度，

箭头方向代表碎片运动方向，颜色和长度代表轴向速度大小。可以看出碎片云头部的速度明显高于尾部，头部箭头矢量浓密，碎片数量多。

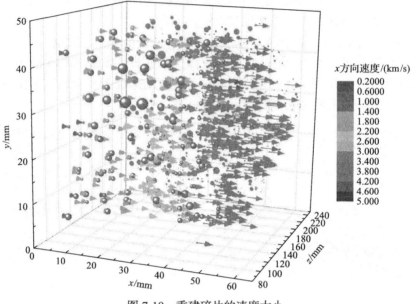

图 7-19　重建碎片的速度大小

　　除了冲击场景外，该技术也被用到炸药爆炸碎片生成过程的测量，这些碎片颗粒一般是由爆炸物或膨胀气体的高速冲击作用形成。例如，Yeager 等采用纳秒脉冲激光数字同轴全息系统测量了高聚物黏结炸药(PBX)炸药爆炸后数十微秒内碎片云和颗粒的运动情况[9]。这类数据有助于建立相关材料的爆破冲击过程数值模拟以及评估雷管的爆炸特性。

参 考 文 献

[1] Wu Y C, Brunel M, Li R, et al. Simultaneous amplitude and phase contrast imaging of burning fuel particle and flame with Digital inline holography: Model and verification. Journal of Quantitative Spectroscopy and Radiative Transfer, 2017, (199): 26-35.

[2] Wu Y C, Wu X C, Yao L C, et al. Simultaneous particle size and 3D position measurements of pulverized coal flame with digital inline holography. Fuel, 2017, (195): 12-22.

[3] Yao L C, Wu X C, Wu Y C, et al. Investigating particle and volatile evolution during pulverized coal combustion using high-speed digital in-line holography. Proceedings of the Combustion Institute, 2019, (37): 2911-2918.

[4] Malek M, Coëtmellec S, Allano D, et al. Formulation of in-line holography process by a linear shift invariant system: application to the measurement of fiber diameter. Optics Communications, 2003, (223): 263-271.

[5] Wu Y C, Yao L C, Wu X C, et al. 3D imaging of individual burning char and volatile plume in a pulverized coal flame with digital inline holography. Fuel, 2017, (206): 429-436.

[6] Yue D, Nie H, Li Y, et al. Fast correction approach for wavefront sensorless adaptive optics based on a linear phase diversity technique. Appl Opt, 2018, 57: 1650-1656.

[7] Guildenbecher D R, Cooper M A, Gill W, et al. Quantitative, three-dimensional imaging of aluminum drop combustion in solid propellant plumes via digital in-line holography. Optics Letters, 2014, (39): 5126-5129.

[8] Zhou Y, Xue Z, Wu Y, et al. Three-dimensional characterization of debris clouds under hypervelocity impact with pulsed digital inline holography. Applied Optics, 2018, (57): 6145-6152.

[9] Yeager J D, Bowden P R, Guildenbecher D R, et al. Characterization of hypervelocity metal fragments for explosive initiation. Journal of Applied Physics, 2017, (122): 26-35.

第8章 液体燃料燃烧全息测量

液体燃料作为一种主要的燃烧介质广泛应用于内燃机、航空发动机、液体火箭发动机、液体燃料炉和液体废物焚化炉等场合。液体燃烧牵涉到雾化、蒸发、以及燃烧等过程，液滴尺寸分布、速度分布、浓度分布及液滴温度对火焰特性具有极其重要的影响[1]。利用全息技术可以测量燃油喷雾液滴场的粒径、浓度、速度等信息，为研究燃油雾化理论提供有效的光学测量手段，对指导工业生产具有重要的指导意义。

8.1 冷态液滴/雾化场数字全息测量

液体燃料在内燃机、航空发动机中的反应包含雾化、蒸发和燃烧。雾化与蒸发是液体燃料不同于固体燃料利用的关键过程。通常燃油可以通过各类气动喷嘴加压雾化[2]、甩油盘离心雾化或横流雾化[3]产生油雾场。早期人们关注雾化场的全场特性，如喷雾可视化结果、喷雾横截面及轴向的质量分布、喷雾锥角、质量流量、动量流量等。随着非接触光学诊断技术的不断发展，人们的关注点转为雾化场微观、瞬态参数。如雾锥粒径及空间分布、速度分布，乃至喷嘴内部一次雾化结构、空化参数等。一些常见的测试雾化场的光学技术在第 1 章中有列举，如 PIV、PLIF、PDPA 等，在此不赘述。而全息技术可以对液滴进行三维测量，且可以观测研究液滴的非球形结构[4]，因而在这些雾化场景中均得到了一定的应用[5-9]。在液滴/雾化场的测试过程中，视测试场景及测量需要，全息系统的布置也有很大的不同。如针对单液滴或稀疏雾化场，通常采用同轴全息即可，而针对浓雾场或高散射空间内的雾化结构，则需要考虑结合光克尔(Kerr)门及飞秒脉冲激光，采用离轴全息布置，以去除背景和浓雾多重散射光造成的影响[10,11]。以下将结合几种典型的雾化或液滴破碎场景，介绍全息技术的测试应用情况。

在气动离心喷嘴雾化过程中，燃油自喷嘴出口喷出，形成液柱或液膜，液柱/液膜在旋流气流的剪切力作用下，发生一次雾化，形成不规则形状的液丝或大体积液滴。一次破碎后的液滴继续在湍流的剪切力作用下，发生二次雾化，形成更细小的雾化液滴群。油雾场的一次雾化、二次雾化过程均可以采用数字全息技术加以记录，并反演得到油雾场的分布情况。由于冷态雾化场中，液滴浓度通常较高，采用如图 8-1 所示离轴全息的实验布置方案，可以在频域上去除背景光和颗粒共轭项的影响，更利于测量浓相颗粒场。图 8-2 展现了气动喷嘴近喷嘴处油雾场的全息和重建景深拓展结果。近喷嘴处的液膜及不规则形状大液滴清晰可见，经过第 3 章和第 5 章所述的全息重建、颗粒识别和定位算法处理后，可以得到液

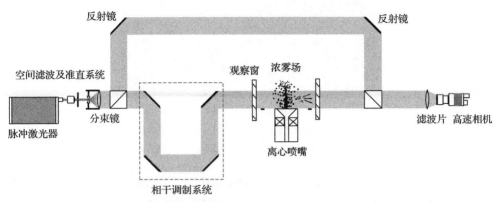

图 8-1　离轴全息测试雾化场实验示意图

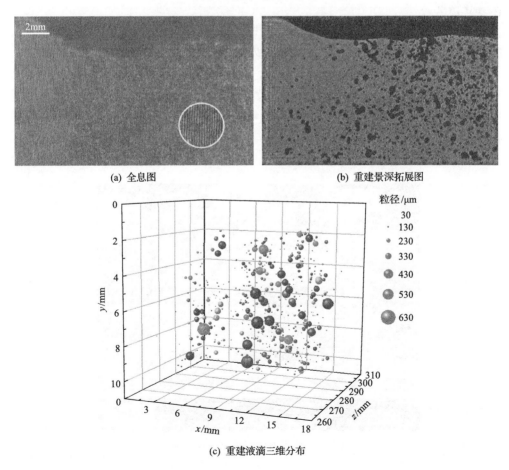

(a) 全息图

(b) 重建景深拓展图

(c) 重建液滴三维分布

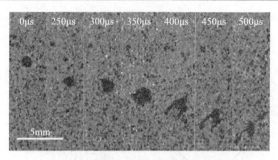

(d) 时间分辨的大液滴二次雾化破碎过程

图 8-2　气动喷嘴油雾场全息图、重建景深拓展图、
重建液滴三维分布、时间分辨的大液滴二次雾化破碎过程

滴颗粒场的三维分布形状。图中液滴的粒径为图像中识别颗粒横截面的同等面积圆形的半径。采用高速相机拍摄，可以很轻易地追踪雾化场内大液滴的运动和二次雾化情况。

在甩油盘雾化过程中，离心式甩油盘利用高速旋转形成的离心力，在甩油盘喷嘴出口处产生极高的压差，使燃油从喷嘴高速流出形成液膜，在气流的剪切下雾化破碎。与常规的燃油雾化装置相比，离心式甩油盘具有雾化粒径小、周向分布均匀、供油压力低、不易堵塞、结构紧凑等优点，因而广泛应用于各类中小型航空发动机上。在甩油盘雾化场测量中，采用脉冲激光数字同轴全息技术，可以捕获稀相雾化场三维特征，包括雾滴的空间位置、粒径分布以及雾化锥角信息。如图 8-3 和图 8-4 所示。

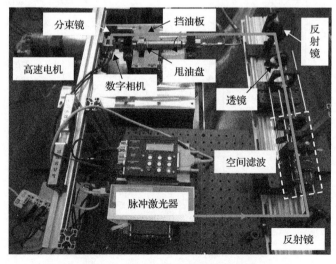

图 8-3　甩油盘雾化场测量系统图

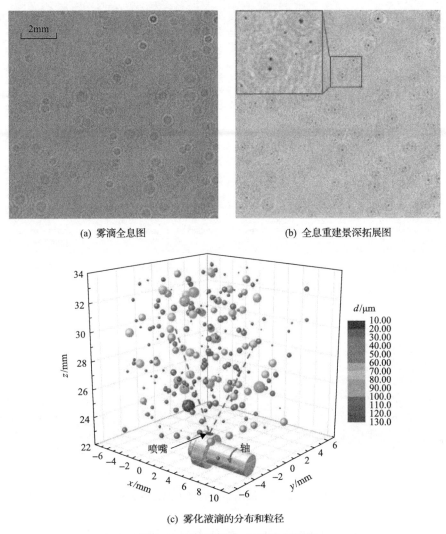

(a) 雾滴全息图　　　　　　　　　　(b) 全息重建景深拓展图

(c) 雾化液滴的分布和粒径

图 8-4　甩油盘雾化全息测试结果

　　横向射流雾化二次雾化是大体积液体破碎(一次雾化)后的较大液滴再次破碎成微米尺寸的小液滴的过程，决定了液滴在燃烧时的粒径和速度。其物理过程迅速，一般需要结合高速摄影来捕捉破碎现象。图 8-5 显示了利用 20kHz 帧频高速摄影的数字全息拍摄的不同时刻袋状破碎产生子液滴的动态过程，图 8-6 则显示了其速度分布。为了对袋装破碎过程中产生的细小液滴以及液丝进行 z 轴精确定位，可以采用层析全息系统进行测试。

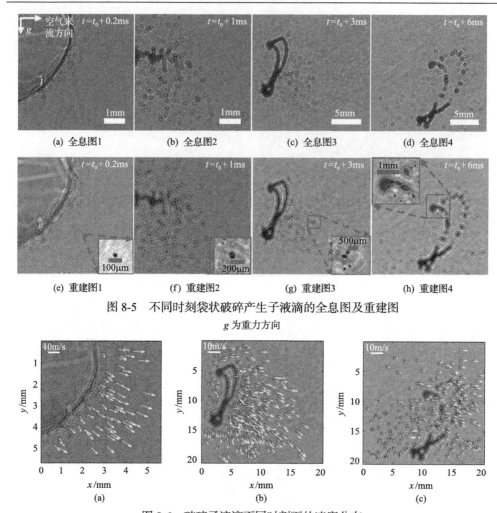

图 8-5　不同时刻袋状破碎产生子液滴的全息图及重建图

g 为重力方向

图 8-6　破碎子液滴不同时刻下的速度分布

8.2　同轴全息在雾化燃烧测试的应用

在燃烧流场中，虽然火焰的存在会在一定程度上影响全息测量的效果，但全息技术仍可应用到燃烧流场的测量。图 8-7 所示为一典型的数字同轴全息喷雾燃烧测量系统，用于测量乙醇燃烧过程的液滴尺寸大小及蒸发率。激光器产生的激光经空间滤波器后，被球面透镜准直形成平行光，照射待测颗粒场，然后到达高速相机，全息记录图则被高速相机记录。

图 8-8 展示了数字同轴全息系统获得的乙醇喷雾液滴全息图及对应的重建截面。颗粒通过颗粒识别、定位等算法处理得到喷雾场空间中乙醇液滴的粒径及三维位置分布，如图 8-9(b) 所示。图 8-9(a) 为单液滴的运动轨迹。

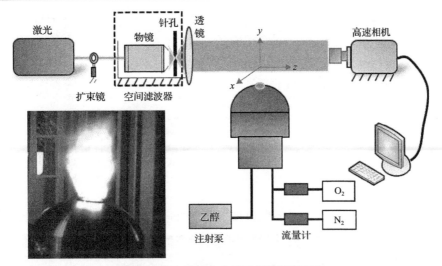

图 8-7　数字同轴全息喷雾燃烧测量系统

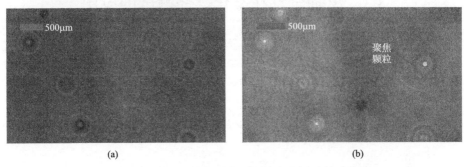

(a)　　　　　　　　　　　　　　　　(b)

图 8-8　乙醇喷雾燃烧场的典型颗粒全息图及其重建截面

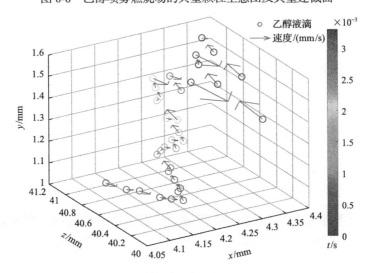

(a) 乙醇喷雾燃烧单液滴运动轨迹

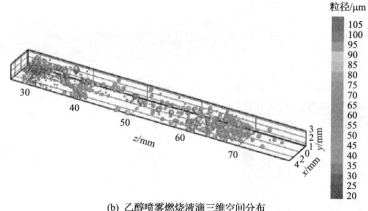

(b) 乙醇喷雾燃烧液滴三维空间分布

图 8-9　乙醇喷雾液滴的运动及三维分布

8.3　离轴全息在雾化燃烧测试的应用

离轴全息采用倾斜的参考光来记录全息图，这与同轴全息中的参考光设置有所不同，第 2 章已经对其原理进行了介绍。在离轴全息中，物光和参考光干涉后，仍然遵循下面的理论公式：

$$I_{\mathrm{H}} = |O+R|^2 = O^*O + R^*R + OR^* + O^*R = I_{\mathrm{O}} + I_{\mathrm{R}} + OR^* + O^*R \tag{8-1}$$

其中，参考光表达为

$$R(x,y) = a \exp\left(\mathrm{i}\frac{2\pi}{\lambda} x \sin\theta_x\right) \exp\left(\mathrm{i}\frac{2\pi}{\lambda} y \sin\theta_y\right) \tag{8-2}$$

式中，θ_x 和 θ_y 分别表示两个方向偏离光轴的角度。当参考光的共轭光照射全息图时，衍射项包括

$$
\begin{aligned}
R^* I_{\mathrm{H}} = &\left(|O|^2 + |R|^2\right) a \exp\left(-\mathrm{i}\frac{2\pi}{\lambda} x \sin\theta_x\right) \exp\left(-\mathrm{i}\frac{2\pi}{\lambda} y \sin\theta_y\right) + \\
&a^2 O \exp\left(-\mathrm{i}\frac{2\pi}{\lambda} 2x \sin\theta_x\right) \exp\left(-\mathrm{i}\frac{2\pi}{\lambda} 2y \sin\theta_y\right) + a^2 O^*
\end{aligned}
\tag{8-3}
$$

其中第四项包含所需物光，前两项为直流项，第三项为共轭项。当离轴角度足够大时，重建的颗粒场不受直流项和共轭项的干扰。这一点在第 2 章中已有详细阐述，在此不赘述。

　　相比同轴全息，离轴全息测量颗粒的优点是不受干扰项影响，因此其可测量的颗粒浓度上限大幅提高。但是离轴全息光路结构更加复杂，同样条件下能实现的分辨率比同轴全息低。由于这个原因，测量低浓度颗粒场时一般选用同轴全息。对于颗粒位置测量精度需求较高的应用场景（如 DHPIV 测量流场三维速度），离轴全息则是一种较好的选择。首先，DHPIV 用三维互相关求分割小块内流体的平均，关注点不在每个单独颗粒的参数；其次，DHPIV 所需的示踪颗粒浓度较大，采用同轴全息受干扰项的影响较大，互相关运算准确性会下降。

　　离轴全息中物光可以采用前向散射、侧向散射以及后向散射结构，这三种有自身的优点，具体采用何种记录方法可以根据实际的需求来确定。一般而言，前向散射光形式的 z 方向分辨率较低，适用于关心颗粒形貌和粒径的应用；侧向散射光形式的 z 方向分辨率较高，适用于关心颗粒速度的应用；后向散射光主要包含了物体表面形貌信息，适用于关心形貌成像的应用。

　　图 8-10 是一种前向散射式离轴全息，它是以颗粒侧向散射光为物光的混合式全息记录结构，通过轻微旋转分束立方体可以控制离轴全息中参考光角度，使之在减弱直流项和共轭项干扰的同时降低对相机分辨率的要求（离轴角度过大则干涉条纹间距减小，需要更小的像素尺寸）。同时，这种光路结构可以方便在同轴和离轴全息之间切换。更多应用不同方向散射光的离轴全息结构可参阅文献[8]。离轴全息的参考光不经过测量区域，因此它的一个优点是能够避免诸如火焰等不均匀折射率环境对参考光造成的影响。

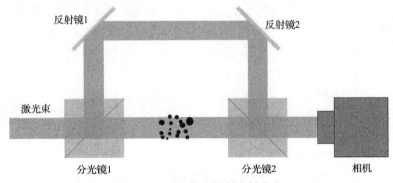

图 8-10　颗粒前向散射离轴全息

　　为了简单说明离轴全息中独立参考光配置所具有的优势，对比离轴全息及同轴全息在燃烧测量方面的差异。图 8-11 比较了 Gabor 同轴全息和离轴全息在燃烧的乙醇液滴被内部针管中气流吹破时子液滴的全息重建图。同轴全息参考光和物光都受到火焰的影响而偏折，导致重建颗粒有很明显的像散，甚至无法正确聚焦，而离轴全息重建图中，颗粒像散很小，液滴和液丝重建像质量更高。

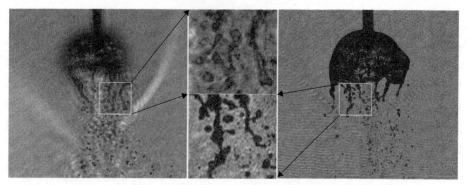

图 8-11　颗粒前向散射同轴(左)和离轴(右)全息重建结果的比较

图 8-12 比对了在火焰阻挡的情况下，离轴全息和同轴全息的成像效果。图 8-12(a)为同轴全息在无火焰条件情况下的测量结果，其全息图条纹清楚可辨别，重建图具有清晰的边缘；当液滴在火焰中时，其全息图和重建图的对比度都有所下降，难以鉴定重建图的边缘，存在轻微像散现象；当液滴在火焰边界上时，全息图明显变形，重建图受到一条亮带的干扰。火焰区域的大梯度折射率变化带来了像散，使得全息图对比度明显下降。而图 8-12(b)所示的离轴全息的三种情况都能得到对比度高、边缘清晰的重建图，即使液滴位于火焰边缘，重建图仅受到一条微暗横带的干扰，对颗粒的识别几乎无影响。从中可以看出，离轴全息在测量火焰中的颗粒时，具有很大的应用优势。

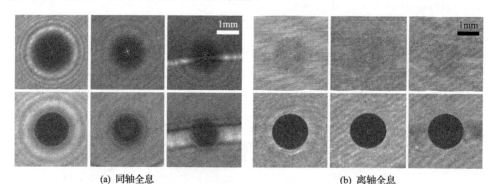

(a) 同轴全息　　　　　　　　　　　　　(b) 离轴全息

图 8-12　乙醇液滴同轴和离轴全息图与重建图对比

左、中、右分别为无火焰、液滴在火焰中、液滴在火焰边界上三种情况

参 考 文 献

[1] Norster E, Combustion and Heat Transfer in Gas Turbine Systems, Proc. International Symposium held at College of Aeronautics, Cranfield, April 1969, Pergamon Press, 1971.

[2] Li T, Nishida K, Hiroyasu H. Characterization of initial spray from a DI gasoline injector by holography and laser diffraction method. Atomization and Sprays, 2004, (14): 477-494.

[3] Sallam K A, Aalburg C, Faeth G M, et al. Primary breakup of round aerated-liquid jets in supersonic crossflows. Atomization and Sprays, 2006, (16): 657-672.

[4] Olinger D, Sallam K, Lin K C, et al. Digital holographic analysis of the near field of aerated-liquid jets in crossflow. Journal of Propulsion and Power, 2014, (30): 1636-1645.

[5] Anezaki Y, Shirabe N, Kanehara K, et al. 3D Spray measurement system for high density fields using laser holography. SAE Technical Paper, 2002.

[6] Burke J, Hess C F, Kebbel V. Digital holography for instantaneous spray diagnostics on a plane. Particle & Particle Systems Characterization, 2003, (20): 183-192.

[7] Guildenbecher D R, Engvall L, Gao J, et al. Digital in-line holography to quantify secondary droplets from the impact of a single drop on a thin film. Experiments in Fluids, 2014, (55): 1670.

[8] Marié J L, Grosjean N, Mées L, et al. Lagrangian measurements of the fast evaporation of falling diethyl ether droplets using in-line digital holography and a high-speed camera. Experiments in fluids, 2014, (55): 1708.

[9] Fansler T D, Parrish S E. Spray measurement technology: a review. Measurement Science and Technology, 2014, (26): 012002.

[10] Ziaee A, Dankwart C, Minniti M, et al. Ultra-short pulsed off-axis digital holography for imaging dynamic targets in highly scattering conditions. Applied optics, 2017, (56): 3736-3743.

[11] Katz J, Sheng J. Applications of holography in fluid mechanics and particle dynamics. Annu Rev Fluid Mech, 2010, (42): 531-555.

第9章　曲面容器内流场颗粒全息测量

在许多工业过程和科学研究中，气固、液固和气液等多相流存在于曲面容器内[1,2]，如管道内的颗粒气力输送、球形或非球形液滴内的固体颗粒、飞行器异形进气道等[3]。在利用数字全息技术对这些特殊对象内的颗粒进行测量时，为了保持流道一致，会采用与实际情况相同的曲面窗口。与第 4 章提到的具有透镜系统的颗粒全息类似，曲面窗口会带来像散等像差，这会使得颗粒全息图发生畸变。与平面窗口或者开放空间下的全息图相比，这类全息图在条纹频率、形状上会发生很大的变化[4]，给颗粒重建及流场测量带来了一定困难。本章将基于矩阵光学方法，介绍曲面容器内颗粒全息成像的成像特性、分析方法以及重建方法等。

9.1　曲面容器内颗粒全息成像理论

以圆管为例，图 9-1 为数字全息测量曲面容器 (圆管) 内颗粒的实验系统图[5]，激光自激光器中发出，直接照射到曲面容器外壁面，经过表面折射、透射后，光束透过容器壁照射到内部的颗粒上，随后，颗粒散射光传播到容器内壁面，再经过折射、透射，穿过容器壁传播到相机靶面上。未被颗粒遮挡的参考光将直接穿过容器并传播到相机靶面。显然，容器壁会影响激光高斯光束的传播，进而影响全息成像，这一点与透镜类似。第 4 章介绍了具有透镜系统的颗粒全息成像理论，并介绍了基于矩阵光学的颗粒全息分析方法。这里同样可以基于矩阵光学理论，计算出光的波前信息，进而得到带像散全息成像结果，可以量化曲面对颗粒全息造成的像差影响。需要注意的是，上述理论的使用需要满足近轴近似条件下的广义惠更斯-菲涅耳衍射理论，因此光学系统需满足如下条件：

(1) 激光束的直径远小于波前的曲率半径。

(2) 入射激光束的直径远小于主体曲面容器表面的曲率半径。

建立如图 9-1 所示的光学系统坐标系。激光经过曲面容器折射后，透射光和颗粒散射光均会到达相机靶面。考虑到一般情况，容器折射率与外界环境折射率不同，激光折射处的容器壁面子午 (y-z 平面) 和弧矢 (x-z 平面) 的曲率半径不同，成像的子午和弧矢的光学矩阵表达式也不相同。需要分别计算弧矢和子午方向的 2×2 $ABCD$ 矩阵，进而精确求解激光的光束传输方程。

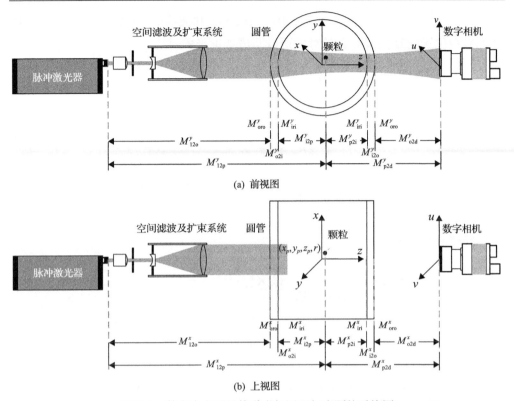

(a) 前视图

(b) 上视图

图 9-1　数字全息测量管道内气固两相流颗粒系统图

与透镜光学系统的分析类似，根据非对称傍轴光学系统的柯林斯公式以及广义惠更斯-菲涅耳理论，这里曲面容器内颗粒全息的光学变换矩阵同样可以分为两部分，第一部分为波束从激光器出射传播到颗粒处，用光线变换矩阵 $M_{12p}^{x,y}$ 表示，

$$M_{12p}^{x,y} = \begin{bmatrix} A_{12p}^{x,y} & B_{12p}^{x,y} \\ C_{12p}^{x,y} & D_{12p}^{x,y} \end{bmatrix}$$（下标表示激光器到颗粒处）；第二部分为波束从颗粒处传播

到相机靶面上形成全息图，用光线变换矩阵 $M_{p2d}^{x,y}$ 表示，$M_{p2d}^{x,y} = \begin{bmatrix} A_{p2d}^{x,y} & B_{p2d}^{x,y} \\ C_{p2d}^{x,y} & D_{p2d}^{x,y} \end{bmatrix} =$

$\begin{bmatrix} A_{x,y} & B_{x,y} \\ C_{x,y} & D_{x,y} \end{bmatrix}$（下标表示颗粒处到相机靶面，particle to detector）。其中 x, y 分别表示弧矢和子午方向。

对于基模 TEM00 高斯光束，记其光强复振幅分布为

$$E_0\left(x_0, y_0\right) = \exp\left[-\left(\frac{x_0^2}{\omega_{0x}^2} + \frac{y_0^2}{\omega_{0y}^2}\right)\right] \cdot \exp\left[-\mathrm{i}\frac{\pi}{\lambda}\left(\frac{x_0^2}{R_{0x}} + \frac{y_0^2}{R_{0y}}\right)\right] \quad (9\text{-}1)$$

其中，$\omega_{0x,y}$ 和 $R_{0x,y}$ 分别表示高斯光束的束腰半径和波前曲率。激光传播到曲面容器内颗粒位置的复振幅分布计算式可以写成如下形式：

$$
\begin{aligned}
E(u,v) = {} & \frac{\mathrm{i}}{\lambda\sqrt{B_{12p}^x B_{12p}^y}} \iint_{\infty} E_0\left(x_0, y_0\right) \times \\
& \exp\left[\mathrm{i}\frac{\pi}{\lambda B_{12p}^x}\left(A_{12p}^x x_0^2 - 2ux_0 + D_{12p}^x u^2\right)\right] \times \\
& \exp\left[\mathrm{i}\frac{\pi}{\lambda B_{12p}^y}\left(A_{12p}^y y_0^2 - 2vy_0 + D_{12p}^y v^2\right)\right]\mathrm{d}x_0\mathrm{d}y_0
\end{aligned}
\tag{9-2}
$$

该表达式的解析解为

$$
\begin{aligned}
E(u,v) = {} & \frac{\exp(\mathrm{i}kL)}{\mathrm{i}\lambda\sqrt{B_{12p}^x B_{12p}^y}} K_{12p}^x K_{12p}^y \times \\
& \exp\left[-\left(\frac{u^2}{\omega_{1x}^2} + \frac{v^2}{\omega_{1y}^2}\right)\right] \cdot \exp\left[-\mathrm{i}\frac{\pi}{\lambda}\left(\frac{u^2}{R_{1x}} + \frac{v^2}{R_{1y}}\right)\right]
\end{aligned}
\tag{9-3}
$$

其中，L 表示高斯光束 $E_0(k,r_0)$ 所处位置到容器内颗粒的等效传播距离；k 表示激光在曲面容器左侧环境介质的波数，其中

$$
K_{12p}^{x,y} = \left(\frac{\pi\omega^2}{1 - \mathrm{i}A_{12p}^{x,y}\dfrac{\pi\omega^2}{\lambda B_{12p}^{x,y}}}\right)^{1/2}
\tag{9-4}
$$

$$
\omega_{1x,y} = \left(\frac{\lambda B_{12p}^{x,y}}{\pi\omega_{0x,y}}\right)\left[1 + \left(A_{12p}^{x,y}\frac{\pi\omega_{0x,y}^2}{\lambda B_{12p}^{x,y}}\right)^2\right]^{1/2}
$$

$$
R_{1x,y} = -\frac{B_{12p}^{x,y}}{D_{12p}^{x,y} - \dfrac{A_{12p}^{x,y}\left(\dfrac{\pi\omega_{0x,y}^2}{\lambda B_{12p}^2}\right)^2}{1 + \left(A_{12p}^{x,y}\dfrac{\pi\omega_{0x,y}^2}{\lambda B_{12p}^{x,y}}\right)^2}}
\tag{9-5}
$$

从颗粒传播到相机靶面的光场可以描述为

$$
\begin{aligned}
U(x,y) = \frac{\mathrm{i}}{\lambda\sqrt{B_{\mathrm{p2d}}^x B_{\mathrm{p2d}}^y}} \iint_\infty & E(u,v) \cdot \left[1 - T(u,v)\right] \times \\
& \exp\left[\mathrm{i}\frac{\pi}{\lambda B_{\mathrm{p2d}}^x}(A_{\mathrm{p2d}}^x u^2 - 2ux + D_{\mathrm{p2d}}^x x^2)\right] \times \\
& \exp\left[\mathrm{i}\frac{\pi}{\lambda B_{\mathrm{p2d}}^y}(A_{\mathrm{p2d}}^y v^2 - 2vy + D_{\mathrm{p2d}}^y y^2)\right] \mathrm{d}u\mathrm{d}v
\end{aligned}
\tag{9-6}
$$

颗粒可以近似为半径为 a 的不透明圆盘，如第 4 章所述，可以将 $T(u,v)$ 写成一系列复高斯函数的和，为

$$
T^2(u,v) = \sum_{k=1}^{10} A_k \cdot \exp\left[-\frac{B_k\left[(u-u_0)^2 + (v-v_0)^2\right]}{a^2}\right]
\tag{9-7}
$$

其中，r_1 表示颗粒半径向量；A_k、B_k 为复系数[6]；u_0、v_0 为颗粒中心坐标。方程 (9-6)可以分为参考光和物光项，有近似解析解，经过推导计算，参考光、物光可以表达为如下解析解形式：

$$
\begin{aligned}
R(x,y) = \frac{\mathrm{i}}{\lambda\sqrt{B_x B_y}} \iint_\infty & E(u,v) \cdot \exp\left[\mathrm{i}\frac{\pi}{\lambda B_x}(A_x u^2 - 2ux + D_x x^2)\right] \\
& \times \exp\left[\mathrm{i}\frac{\pi}{\lambda B_y}(A_y v^2 - 2vy + D_y y^2)\right] \mathrm{d}u\mathrm{d}v \\
= & \mathrm{i}\frac{\pi}{\lambda}\exp\left[\mathrm{i}\left(\frac{\pi D_x}{\lambda B_x}x^2 + \frac{\pi D_y}{\lambda B_y}y^2\right)\right] \times \\
& \frac{\exp\left[\dfrac{\pi^2}{\lambda^2 B_x^2\left(-\mathrm{i}\dfrac{\pi}{\lambda R_{1x}} - \dfrac{1}{\omega_{1x}^2} + \mathrm{i}\dfrac{\pi A_x}{\lambda B_x}\right)}x^2\right]\exp\left[\dfrac{\pi^2}{\lambda^2 B_y^2\left(-\mathrm{i}\dfrac{\pi}{\lambda R_{1y}} - \dfrac{1}{\omega_{1y}^2} + \mathrm{i}\dfrac{\pi A_y}{\lambda B_y}\right)}y^2\right]}{\sqrt{B_x B_y}\sqrt{\mathrm{i}\dfrac{\pi}{\lambda R_{1x}} + \dfrac{1}{\omega_{1x}^2} - \mathrm{i}\dfrac{\pi A_x}{\lambda B_x}}\sqrt{\mathrm{i}\dfrac{\pi}{\lambda R_{1y}} + \dfrac{1}{\omega_{1y}^2} - \mathrm{i}\dfrac{\pi A_y}{\lambda B_y}}}
\end{aligned}
\tag{9-8}
$$

$$O(x, y) = -\frac{\mathrm{i}}{\lambda \sqrt{B_x B_y}} \iint_\infty E(u, v) \cdot T(u, v)$$

$$\cdot \exp\left[\mathrm{i}\frac{\pi}{\lambda B_x}(A_x u^2 - 2ux + D_x x^2)\right]$$

$$\cdot \exp\left[\mathrm{i}\frac{\pi}{\lambda B_y}(A_y v^2 - 2vy + D_y y^2)\right] \mathrm{d}u\mathrm{d}v$$

$$= -\mathrm{i}\frac{\pi}{\lambda}\exp\left[\mathrm{i}\left(\frac{\pi D_x}{\lambda B_x}x^2 + \frac{\pi D_y}{\lambda B_y}y^2\right)\right] \times$$

$$\sum_{k=1}^{10} \frac{A_k \exp\left[\dfrac{\pi^2}{\lambda^2 B_x^2\left(-\mathrm{i}\dfrac{\pi}{\lambda R_{1x}} - \dfrac{B_k}{\omega_{1x}^2} - \dfrac{B_k}{a^2} + \mathrm{i}\dfrac{\pi A_x}{\lambda B_x}\right)}x^2\right]\exp\left[\dfrac{\pi^2}{\lambda^2 B_y^2\left(-\mathrm{i}\dfrac{\pi}{\lambda R_y} - \dfrac{1}{\omega_{1y}^2} - \dfrac{B_k}{a^2} + \mathrm{i}\dfrac{\pi A_y}{\lambda B_y}\right)}y^2\right]}{\sqrt{B_x B_y}\sqrt{\mathrm{i}\dfrac{\pi}{\lambda R_{1x}} + \dfrac{1}{\omega_{1x}^2} + \dfrac{B_k}{a^2} - \mathrm{i}\dfrac{\pi A_x}{\lambda B_x}}\sqrt{\mathrm{i}\dfrac{\pi}{\lambda R_{1y}} + \dfrac{B_k}{a^2} - \mathrm{i}\dfrac{\pi A_y}{\lambda B_y}}}$$

$$(9\text{-}9)$$

颗粒全息图的光强表达式为

$$I_{\text{holo}} = U \cdot \overline{U} = [R + O] \cdot \overline{[R + O]}$$
$$= R \cdot \overline{R} + O \cdot \overline{O} + O \cdot \overline{R} + R \cdot \overline{O} \tag{9-10}$$

其中，直射光 $R \cdot \overline{R}$ 和 $O \cdot \overline{O}$ 无法用于重建颗粒。颗粒全息条纹特性由物波与参考波的干涉 $O \cdot \overline{R}$ 和 $R \cdot \overline{O}$ 决定，$R \cdot \overline{O}$ 的相位为

$$\arg(R \cdot \overline{O}) = \mathrm{Im}\left(\frac{\pi x^2}{\lambda B_x\left(-\dfrac{\lambda B_x}{\pi \omega_{1x}^2} + \mathrm{i}\dfrac{B_x}{R_{1x}} - \mathrm{i}A_x\right)} + \frac{\lambda B_y}{\lambda B_y\left(-\dfrac{\lambda B_y}{\pi \omega_{1y}^2} + \mathrm{i}\dfrac{B_y}{R_{1y}} - \mathrm{i}A_y\right)}\right) \tag{9-11}$$

$$= \frac{\pi x^2}{\lambda B_x R_x} + \frac{\pi y^2}{\lambda B_y R_y} = \frac{\pi x^2}{\lambda z_{x,\text{eq}}} + \frac{\pi y^2}{\lambda z_{y,\text{eq}}}$$

其中，Im 表示复数的虚部；$z_{(x,y),\text{eq}} = B_{x,y}R_{x,y}$，表示颗粒到相机靶面平面的等效传播距离；$R_x$、$R_y$ 表示系数。第 3 章已经介绍过椭圆高斯波照射下的同轴颗粒全息图有四种条纹形式，且条纹形式取决于颗粒和相机靶面的位置、入射光束。对于图 9-1 所示的实验系统，由于曲面造成的像散，$R_x \neq R_y$ 且 $z_{x,\text{eq}} \neq z_{y,\text{eq}}$，因此颗

粒全息条纹不再为圆形条纹，且在 x 和 y 方向上的线性啁啾频率是不同的。需要说明的是，基于 $ABCD$ 矩阵得到的颗粒全息模型是近轴近似的，由于其他高阶偏差，当曲面容器曲率较大以及颗粒远离光束中心时，颗粒测量不确定度可能会增加。

9.2　曲面容器颗粒全息图重建方法

对于一般的曲面容器而言，其在 x 方向及 y 方向的曲率半径可能不同，故光束在 z 轴的聚焦位置也不同，因此高斯光束经过曲面容器产生的颗粒全息图有像散。而传统的卷积重建、小波重建和菲涅耳近似积分重建方法，它们的核函数都是对称的，因此不能直接应用到像散颗粒全息图的重建中。当将 x、y 方向的重建核函数变得相互独立后，全息重建结果就可以在 x、y 方向得以聚焦，进而消除像散影响。对于一些管壁很薄的应用场景下，如微型管道流体内的颗粒流动问题[3,7-9]，流体介质的折射率对颗粒全息成像结果的影响不明显，可以直接采用传统的卷积重建或角谱重建算法[10,11]。而对于管壁不可忽略的情形，其像散的影响无法规避，则必须采用独立核函数来进行重建分析。针对这一问题，下面介绍分数傅里叶变换重建方法和改进的卷积重建方法。

9.2.1　分数傅里叶变换重建方法

利用分数傅里叶变换进行重建，聚焦颗粒图像在 x 和 y 两个方向上用两个不同的最优分数阶进行重建[12]：

$$\alpha_{x,y} = \frac{2}{\pi}\arctan\left[\mp\frac{\lambda B_{x,y}}{s_{x,y}^2(M_{x,y} - D_{x,y})}\right] \tag{9-12}$$

其中，$s_{x,y}^2 = N_{x,y}\Delta_{x,y}^2$，$N_{x,y}$ 和 $\Delta_{x,y}$ 分别为像素数量和像素大小。重建颗粒图像的像素尺寸为 $\Delta_{(x,y),f}^2 = \Delta_{x,y}/\cos(\alpha_{x,y})$，$B_{x,y}$、$D_{x,y}$ 表示颗粒处传播到相机靶面的光学矩阵中的元素，$M_{x,y}$ 由下式计算：

$$M_{x,y} = D_{\text{p2d}}^{x,y} + \frac{\left(\dfrac{\pi\omega_{1x,y}^2}{\lambda B_{\text{p2d}}^2}\right)^2\left(\dfrac{B_{\text{p2d}}^{x,y}}{R_{1x,y}} - A_{\text{p2d}}^{x,y}\right)}{1 + \left(\dfrac{\pi\omega_{1x,y}^2}{\lambda B_{\text{p2d}}^2}\right)^2\left(\dfrac{B_{\text{p2d}}^{x,y}}{R_{1x,y}} - A_{\text{p2d}}^{x,y}\right)^2} \tag{9-13}$$

经过分数傅里叶变换的重建颗粒光场表达式为[13]

$$\Gamma(x_\alpha, y_\alpha) = \mathcal{F}_{\alpha_x, \alpha_y}\left[I_{\text{holo}}(x, y)\right](x_\alpha, y_\alpha)$$

$$= \mathcal{F}_{\alpha_x, \alpha_y}\left(|R|^2 + |O|^2\right) -$$

$$C(\alpha_x)C(\alpha_y)\iint|R\bar{O}|\exp\left[\mathrm{i}(\varphi_\alpha - \varphi)\right]\exp\left[-\mathrm{i}2\pi\left(\frac{x_\alpha x}{s_x^2 \sin\alpha_x} + \frac{y_\alpha y}{s_y^2 \sin\alpha_y}\right)\right]\mathrm{d}x\mathrm{d}y \tag{9-14}$$

$$- C(\alpha_x)C(\alpha_y)\iint|R\bar{O}|\exp\left[\mathrm{i}(\varphi_\alpha + \varphi)\right]\exp\left[-\mathrm{i}2\pi\left(\frac{x_\alpha x}{s_x^2 \sin\alpha_x} + \frac{y_\alpha y}{s_y^2 \sin\alpha_y}\right)\right]\mathrm{d}x\mathrm{d}y$$

其中

$$C(\alpha_{x,y}) = \frac{\exp\left\{-\mathrm{i}\left[\dfrac{\pi}{4}\mathrm{sign}(\sin\alpha_{x,y}) - \dfrac{\alpha_{x,y}}{2}\right]\right\}}{\left|s_{x,y}^2 \sin\alpha_{x,y}\right|^{1/2}} \tag{9-15}$$

式中，sign 为符号函数。

9.2.2　改进的卷积重建方法

颗粒全息图还可用改进的卷积方法重建，通过引入两个重建系数 $S_{x,y}^2$ 来消除像散的影响[14]：

$$S_{x,y}^2 = \frac{z}{B_{x,y}R_{x,y}} \tag{9-16}$$

值得注意的是，$S_{x,y}^2$ 可以为正数也可以为负数。$B_{x,y}R_{x,y}$ 可以认为是从颗粒传播到相机靶面的等效距离。$R_{x,y}$ 满足如下关系：

$$\frac{1}{R_{x,y}} = (M_{x,y} - D_{x,y}) \tag{9-17}$$

易得卷积重建系数与分数傅里叶变换的重建分数之间满足[15]：

$$S_{x,y}^2 \tan\frac{\pi\alpha_{x,y}}{2} = \mp\frac{\lambda z_{(x,y),\text{eq}}}{N_{x,y}\Delta_{x,y}^2} = \text{ constant} \tag{9-18}$$

重建核函数为

$$g(x, y, u, v) = \frac{\mathrm{i}\exp\left[-\mathrm{i}k\sqrt{S_x^2(x-u)^2 + S_y^2(y-v)^2 + z^2}\right]}{\lambda\sqrt{S_x^2(x-u)^2 + S_y^2(y-v)^2 + z^2}} \tag{9-19}$$

颗粒光场通过重建核函数与全息图的卷积运算进行重建：

$$
\begin{aligned}
\Gamma(u,v) &= I_{\mathrm{holo}}(x,y) \otimes g(x,y,u,v) \\
&= F^{-1}\left\{ F\left[I_{\mathrm{holo}}(x,y)\right] \cdot F\left[g(x,y,u,v)\right] \right\}
\end{aligned}
\tag{9-20}
$$

其中，$\otimes$ 为卷积运算符；F 和 F^{-1} 分别表示二维傅里叶变换和一维傅里叶逆变换。一维傅里叶逆变换将重建核函数的傅里叶谱与全息图的乘积转换回空间域，从而得到与全息图尺寸和分辨率相同的重建颗粒图像。

除了上面介绍的两种方法外，通过改变重建核函数的系数，小波变换[16]、菲涅耳重建[17]等方法也可以用于椭圆高斯光束照射下的像散颗粒全息图重建过程中，感兴趣的读者可以自行参阅相关研究。

9.3　圆管内颗粒流动全息测量应用

圆管内颗粒全息测量的数据处理可以采用前文所述的理论方法进行[3,13,18]。将管壁看成一个透镜系统，入射波束在管壁处的透射、传播也可以用矩阵光学方法来描述，应用公式可以获得相机靶面上管道颗粒全息图。

图 9-1 为数字全息测量管道内颗粒实验系统图[5]，经过准直的圆形高斯波（可近似为平面波）从管道中心垂直入射，照射管道内颗粒场，然后从管道另一侧出射并传播到相机靶面，记录得到颗粒全息图，其中图 9-1(a) 和图 9-1(b) 分别为前视图（y-z 平面）和上视图（x-z 平面）。圆管的内半径、外半径、壁厚和折射率分别为 r_{pi}、r_{po}、l_p 和 n_p。取 n_s 为周围介质的折射率。$r_{po}^x = \infty$，$r_{po}^y = r_{po}$，$r_{pi}^x = \infty$，$r_{pi}^y = r_{pi}$。在 y-z 平面上，管道截面为圆形，入射平面波在玻璃曲表面作用下先汇聚，然后扩散出射，形成椭圆高斯波，波束截面为椭圆高斯波束。在 x-z 平面上，管道截面为方形，玻璃表面在 x 方向（轴向）具有无穷大的曲率半径，在中心垂直入射的平面波在 x 方向上没有变化。在本研究场景下，管道管壁厚度不可忽略，在计算 $ABCD$ 矩阵时需加以考虑。根据具有透镜系统的颗粒全息模型，该问题的求解思路为：分别计算两部分全息光路系统的 $ABCD$ 矩阵，基于 $ABCD$ 矩阵计算管内不同位置颗粒的重建分数阶参数，随后基于计算分数阶，重建全息图，并得到聚焦的颗粒结果。

第一部分激光传播到颗粒处的 $ABCD$ 矩阵可以表述为

$$
M_{12p}^{x,y} = M_{i2p}^{x,y} M_{iri}^{x,y} M_{o2i}^{x,y} M_{ori}^{x,y} M_{12o}^{x,y} = \begin{bmatrix} A_{12p}^{x,y} & B_{12p}^{x,y} \\ C_{12p}^{x,y} & D_{12p}^{x,y} \end{bmatrix}
\tag{9-21}
$$

其中，$M_{12o}^{x,y}$ 表示光束传播到圆管外表面的光学矩阵；$M_{ori}^{x,y}$ 表示光束在圆管外表面折射，进入圆管的光学矩阵；$M_{o2i}^{x,y}$ 表示折射后的光束从圆管外表面传播到圆管内表面的光学矩阵；$M_{iri}^{x,y}$ 表示光束在圆管内表面折射，进入圆管内的光学矩阵；$M_{i2p}^{x,y}$ 表示光束在圆管内从内表面传播到颗粒处的光学矩阵。

第二部分激光光束从颗粒处传播到相机靶面的 $ABCD$ 矩阵可以表述为

$$M_{p2d}^{x,y} = M_{o2d}^{x,y} M_{oro}^{x,y} M_{i2o}^{x,y} M_{iro}^{x,y} M_{p2i}^{x,y} = \begin{bmatrix} A_{p2d}^{x,y} & B_{p2d}^{x,y} \\ C_{p2d}^{x,y} & D_{p2d}^{x,y} \end{bmatrix} \tag{9-22}$$

其中，$M_{p2i}^{x,y}$ 表示激光光束在颗粒处衍射，并在传播到圆管另一边内壁面的光学矩阵；$M_{iro}^{x,y}$ 表示光束在圆管内壁面折射向外传播到圆管内壁面外的光学矩阵；$M_{i2o}^{x,y}$ 表示光束从圆管内壁传播到圆管外壁面的光学矩阵；$M_{oro}^{x,y}$ 表示光束在圆管外表面折射向外传播到空中的光学矩阵；$M_{o2d}^{x,y}$ 表示光束从圆管外表面传播到探测器相机靶面处的光学矩阵。

此处各类矩阵的计算可以参见光线传输 $ABCD$ 矩阵表进行。根据计算分析可以得到所布置光路系统的 $ABCD$ 矩阵系数，进而可以获得圆管内颗粒的模拟全息图和不同位置颗粒的分数傅里叶重建参数，根据这些参数可以获得实际实验中圆管颗粒的全息重建结果。

图 9-2 展示了同参数下模拟全息图与实验全息图颗粒啁啾条纹的分布情况，两者呈现了良好的一致性，实验结果中条纹光强对比度弱于模拟结果，这一般是由实验过程中背景噪声以及光束部分相干的情况造成的。根据圆管内颗粒的相邻两帧重建结果，结合第 6 章介绍的颗粒全息 PTV 方法，可以测量得到圆管内颗粒运动的三维速度，如图 9-3 所示。

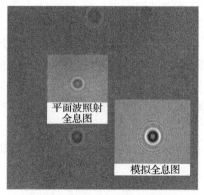

(a) 原始全息图　　　　　　　(b) 去背景后的全息图以及平面波照射
　　　　　　　　　　　　　　　　下的全息图、模拟得到的全息图

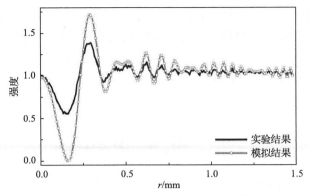

(c) 实验得到的全息图与模拟得到的全息图条纹对比

图 9-2 管道内气固两相流颗粒全息图

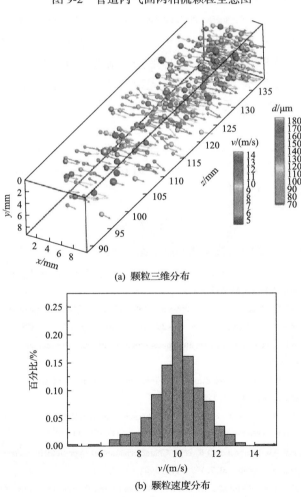

(a) 颗粒三维分布

(b) 颗粒速度分布

图 9-3 圆管内颗粒三维速度分布结果

在自然界和工业界中，液滴颗粒内包夹着一个或多个小夹杂物是非常常见的现象。除了圆管内颗粒的测量应用外，透明复合颗粒，如大气中水滴内的烟灰、气溶胶、乳浊液液滴、细胞内的细胞核等，均可以利用数字全息技术对液滴内颗粒物进行测量，获得所需要的信息，其分析方法与前文所述类似，感兴趣的读者可以参考相关论文[4]，在此不赘述。

9.4　本章小结

本章基于矩阵光学分析了曲面容器对颗粒的全息的像散影响。并给出了此类全息图的分数傅里叶变换重建方法及改进的卷积重建方法。上述分析理论已经在透明圆管容器[14]（微流道、普通圆管流）及球形、椭球形容器[13]（液滴）内含物测量中得到了应用，并获得了清晰的成像结果。所讨论的像差消除方法在系统满足近轴近似假设下成立，该方法可用于校正 x、y 方向聚焦位置不一致造成的像散。

事实上，在一个光学系统中，由球形透镜等光学元件所造成的像差还包括球差、彗差、色差、畸变等。考虑到激光光束的单色性和准直性，系统的色差及彗差一般无须考虑，系统的畸变一般可以通过调整光路及相机靶面布置等方式减少，之后采用标定板标定校正。大直径激光光束经过透镜组缩小成小直径光束时，光路系统会出现球差，一般可以通过非球面透镜减少球差影响，对于无法消除的情况，可以依据球差计算公式进行补偿。对这方面内容感兴趣的读者可以参见Vikram 和 Thompson[19]的著作。

参 考 文 献

[1] 吴迎春. 数字颗粒全息三维测量技术及其应用. 杭州: 浙江大学, 2014.

[2] Meng H, Pan G, Pu Y, et al. Holographic particle image velocimetry: from film to digital recording. Measurement Science and Technology, 2004, 15(4): 673.

[3] Wu Y C, Wu Y C, Yao L C, et al. Simultaneous measurement of 3D velocity and 2D rotation of irregular particle with digital holographic particle tracking velocimetry. Powder Technology, 2015. 284: 371-378.

[4] Wu Y C, Wu X C, Yao L C, et al. 3D boundary line measurement of irregular particle with digital holography. Powder Technology, 2016, 295: 96-103.

[5] Yao L C, Chen J, Sojka P E, et al. Three-dimensional dynamic measurement of irregular stringy objects via digital holography. Optics Letters, 2018, 43(6): 1283-1286.

[6] Zhou Y G, Xue Z L, Wu Y C, et al. Three-dimensional characterization of debris clouds under hypervelocity impact with pulsed digital inline holography. Applied Optics, 2018, 57(21): 6145-6152.

[7] Yeager J D, Bowden P R, Guildenbecher D R, et al. Characterization of hypervelocity metal fragments for explosive initiation. Journal of Applied Physics, 2017, 122(3): 035901.

[8] Katz J, Sheng J. Applications of Holography in Fluid Mechanics and Particle Dynamics. Annual Review of Fluid Mechanics, 2010, 42: 531-555.

[9] Wen J J, Breazeale M A. A diffraction beam field expressed as the superposition of Gaussian beams. Journal of the Acoustical Society of America, 1988, 83(5): 1752-1756.

[10] Seo K W, Choi Y S, Lee S J. Dean-coupled inertial migration and transient focusing of particles in a curved microscale pipe flow. Experiments in fluids, 2012, 53(6): 1867-1877.

[11] Kim S, Lee S J. Measurement of 3D laminar flow inside a micro tube using micro digital holographic particle tracking velocimetry. Journal of Micromechanics and Microengineering, 2007, 17(10): 2157-2162.

[12] Nicolas F, Coetmellec S, Brunel M, et al. Application of the fractional Fourier transformation to digital holography recorded by an elliptical, astigmatic Gaussian beam. Journal of the Optical Society of America A, 2005, 22(11): 2569-2577.

[13] Verrier N, Remacha C, Brunel M, et al. Micropipe flow visualization using digital in-line holographic microscopy. Optics express, 2010, 18(8): 7807-7819.

[14] Wu X C, Wu Y C, Zhou B W, et al. Asymmetric wavelet reconstruction of particle hologram with an elliptical Gaussian beam illumination. Applied Optics, 2013, 52(21): 5065-5071.

[15] Thomas M K, Mike A, Werner P O J. Digital in-line holography in particle measurement. Proc SPIE, 1999, (99): 3744.

[16] Verrier N, Coetmellec S, Brunel M, et al. Digital in-line holography in thick optical systems: application to visualization in pipes. Appl Opt, 2008, 47(22): 4147-4157.

[17] Satake S I, Kunugi T, Sato K, et al. Measurements of 3D flow in a micro-pipe via micro digital holographic particle tracking velocimetry. Measurement Science and Technology, 2006, 17(7): 1647.

[18] Wu Y C. Direct measurement of particle size and 3D velocity of a gas-solid pipe flow with digital holographic particle tracking velocimetry. Applied Optics, 2015, 54(9): 2514-2523.

[19] Vikram C S, Thompson F B B J. Particle Field Holography. New York: Cambridge University Press, 1992.

第10章　微尺度流场测量

数字全息显微技术(digital holographic microscopy，DHM)是全息技术与显微术相结合的一种技术，已经被广泛应用于医学、生物学、科研等方面的微观测量。特别是在活体细胞成像、生物细胞计数、微流体分析、微颗粒三维示踪等场景中，数字全息显微计数具有一些独特的应用优势。本章将对数字全息显微技术原理作一定介绍。

10.1　数字全息显微技术原理和实现方法

本节首先对数字全息显微技术原理作介绍，包括球面波同轴全息显微技术、透镜型同轴全息显微技术、反射式和透射式全息显微技术。

10.1.1　球面波同轴全息显微技术

与平行入射光束相比，用发散的球面波来记录全息图时，物体随着球面波的传播而被放大，因此球面波常被用于无透镜显微全息拍摄[1]。如图 10-1 所示，从点光源发出的发散球面波照射位于 $\xi-\eta$ 平面的颗粒，在 $x-y$ 平面上形成全息图。点光源到全息平面的距离记为 z_R，颗粒到全息平面的距离记为 z_O。

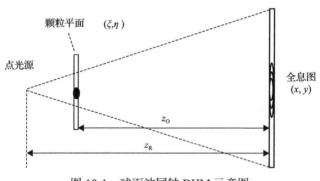

颗粒平面　　(ξ,η)

点光源

全息图
(x, y)

z_O

z_R

图 10-1　球面波同轴 DHM 示意图

在式(2-95)中，由于积分号前面的相位因子不影响全息图的强度分布，可以忽略。该式可以看作等效物体在等效距离处被记录的平面波全息图。其中等效物体可以表示为

$$U_{eq}\left(\xi',\eta'\right)=\frac{1}{M}\left[1-O\left(\frac{\xi'}{M},\frac{\eta'}{M}\right)\right] \tag{10-1}$$

等效距离表示为

$$z_{eq}=Mz_O \tag{10-2}$$

而 U_{eq} 正是原颗粒放大 M 倍后的几何像。这意味着球面波记录的颗粒全息图可以用平面波重建。而它主要的区别是放大率 M 是随颗粒深度位置 z_O 变化的，因此需要对不同 z_O 位置的放大率进行标定。通过颗粒定位方法，假设在平面波重建空间得到等效距离 z_{eq}，则颗粒的实际位置为

$$z_O=\frac{z_{eq}z_R}{z_{eq}+z_R} \tag{10-3}$$

其中，点光源到全息图的距离 z_R 是一个定值，可以通过事先标定得到，进而确定 z_O 后再根据式(10-2)得出放大率。

10.1.2　透镜型同轴全息显微技术

在很多情况下，显微全息也可以采用具有一定放大倍率的物镜来接收信号光，以达到放大的目的，如图 10-2 所示，其成像过程的描述与第 4 章中具有透镜的全息模型相同。用成像透镜实现全息图放大的优点是放大率与颗粒位置无关，只需标定一次放大率。

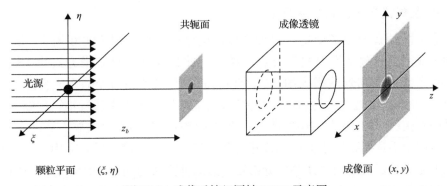

图 10-2　成像透镜组同轴 DHM 示意图

Sheng 等[2]推导了含单个透镜下显微全息图形成过程，发现全息图可看作在相机感光面的共轭面上虚拟全息图的几何放大，并表示出了原始全息图与被放大全

息图之间的关系，对于放大全息图而言，相机靶面上的复振幅分布为

$$U(x_i, y_i, d) = \frac{1}{M} U_H \left(-\frac{x_i}{M}, -\frac{y_i}{M} \right)$$

$$\times \exp\left[i\frac{k}{2M^2 d_0}(x_i^2 + y_i^2) \right] \times \exp\left[i\frac{k}{2d_j}(x_0^2 + y_0^2) \right] \tag{10-4}$$

其中，M 表示系统放大倍率，$M = d_i / d_0$；d_0 表示物镜与物体的距离，d_i 表示物镜到相机靶面，如图 10-3 所示。

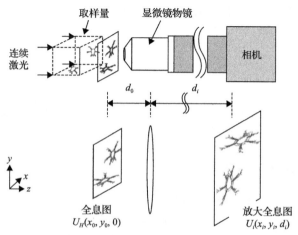

图 10-3　单成像透镜同轴 DHM 示意图[2]

10.1.3　反射式和透射式全息显微技术

除了同轴式的显微全息，离轴式显微全息也经常被用于实际场合。典型的离轴式显微全息包括反射式和透射式两种，图 10-4 为两种记录方式的比较：两者的参考光形成和到达相机的方式是相同的，不同的是物光的形成方式。其中图 10-4(a)中照明光经物镜后照射物体表面，表面反射光再次透过物镜后经分光镜反射进入相机；图 10-4(b)中照明光直接透射物体，然后经物镜放大后进入相机。前者适用于不透明物体表面识别或相位物体表面形貌重建，后者适用于不透明物体二维轮廓重建或透明物体厚度分析等。这两种方法与同轴 DHM 有所不同，因为在相机的共轭面上并没有形成虚拟的全息图。不同位置的物体放大率往往不同，因此通常在参考光路相同的位置上放置一个与物光光路上相同的物镜，以此来消除物镜引入的二次因子的影响。

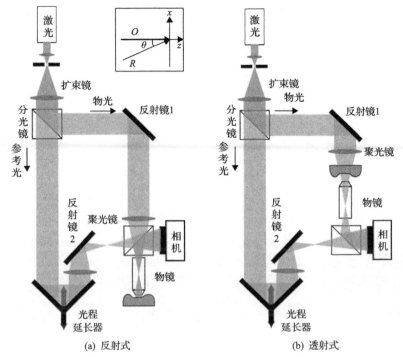

图 10-4　反射式和透射式 DHM[3]

10.2　显微全息测量应用

本节将对数字全息显微技术的一些典型应用案例作介绍，包括边界层测量、微流体运动观测、细胞成像观测。

10.2.1　边界层测量

图 10-5 为 DHM 测量气体近壁面流动的典型装置示意图。在一个正方形截面的石英玻璃管气体通道内，空气以 36m³/h 的流量经 1mm 大小的铁丝网格整流后进入通道，主流速度约为 6.25m/s。根据边界层理论，此时的流体雷诺数约为 8500，测点处于湍流发展段，边界层厚度约为 7.7mm。以超声雾化的方式产生 2　5μm 大小的水滴播散到流场中，通过播撒装置布置于测点上游，作为示踪粒子。图 10-5 所示的显微全息系统具有 13.2 倍的放大率，相机的等效像素尺寸为 0.564μm。

由该显微全息测量系统所拍摄到的结果如图 10-6 所示。图 10-6 a　b 是近壁面示踪粒子的典型全息图；图 10-6 c　d 是其重建结果。可以看到，全息图条纹清晰，但是信噪比较低，这是由于石英玻璃引入一些背景噪声，但颗粒条纹仍可识别，重建之后能够得到边缘清晰的颗粒图像。从两帧图像的结果分析中可以发

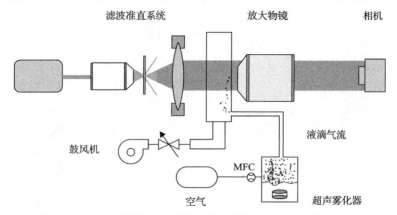

滤波准直系统　　　　　放大物镜　　　　相机

鼓风机

液滴气流

MFC

空气　　　　　　　　超声雾化器

图 10-5　DHM 测量气体边界层内示踪粒子的实验系统示意图

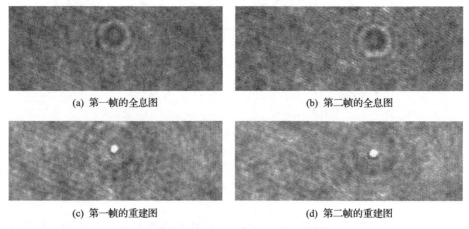

(a) 第一帧的全息图　　　　　　　　　　(b) 第二帧的全息图

(c) 第一帧的重建图　　　　　　　　　　(d) 第二帧的重建图

图 10-6　近壁面示踪粒子全息图

现，颗粒在视场中有微小移动，主要在 x 方向运动，y 和 z 方向运动量较小，两帧中颗粒都在 z=40μm 左右聚焦。图 10-7 为近壁面示踪粒子三维测量结果，颗粒粒径分布在 2　5μm 之间，大部分位于离壁面 280　2800μm 的空间内。随颗粒到壁面的距离增大，颗粒速度增大，尤其是 280　1200μm 之间，速度梯度较大，1200　2800μm 之间速度逐渐趋于平稳，并开始接近于主流速度 6.25m/s 。

边界层内高精度三维速度测量可以进一步得到涡量和剪切应力。Sheng 等[4] 利用 DHM 测量液体近壁面流场速度、涡量和剪切力。他们使用直径为 2μm 左右颗粒作为示踪粒子。DHM 测量系统装置采用 10 倍显微物镜来构建 DHM 测量系统，并采用双帧双曝光模式对流场进行测量，所得到的速度测量误差小于 1mm/s，仅为中心速度的 0.05%。

图 10-8 展示了某一时刻的涡量线，对流场的三维结构进行三维显示，可以发现不同时刻，流场内产生了反向旋转旋涡、多个旋涡等多种常见的涡结构。

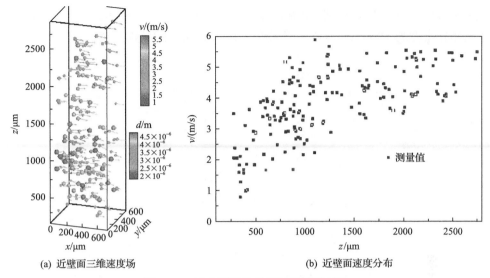

(a) 近壁面三维速度场　　　　　　　　　(b) 近壁面速度分布

图 10-7　近壁面示踪粒子速度测量结果

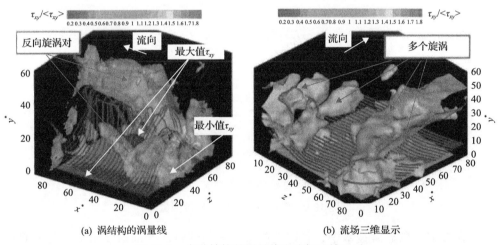

(a) 涡结构的涡量线　　　　　　　　　(b) 流场三维显示

图 10-8　多种结构的涡量线和流场三维显示

10.2.2　微流体运动观测

　　微流体运动广泛存在于微结构通道、微电机系统等应用场景中,而微流场定量测量和诊断对于微结构系统的设计与评估具有非常重要的价值。数字全息显微技术作为一种能够精准定位颗粒三维空间位置的测量方法,结合多帧拍摄技术可以很容易地确定被测流场的速度,因而在微流体测量中得到了广泛的应用。

　　图 10-9(a)示出了一种典型的微流体全息显微测量装置,它能覆盖的测量深度为 50μm。其中的微通道由矩形石英凹槽构成,整体形状为一个 Y 字形,液体通

过注射器从 Y 字形底部流进，并从两个分叉通道流出，其主干部分宽度为 200μm，分叉部分宽度为 100μm；液体中携带有粒径为 2.9μm 的示踪颗粒。

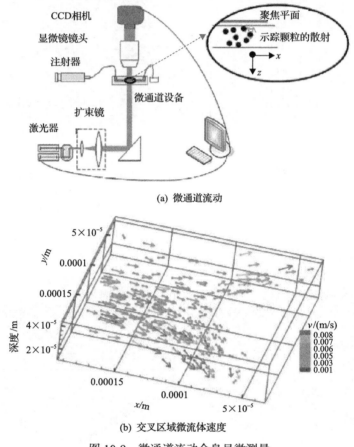

(a) 微通道流动

(b) 交叉区域微流体速度

图 10-9　微通道流动全息显微测量

在数字全息显微技术中，其速度测量方法是通过匹配前后多帧全息图中的示踪颗粒来计算流体运动速度，这在流体速度较低时非常易于实现，并且具有较高的测量精度。图 10-9(b) 是通过关联 24 帧全息图像后得到的交叉区域微流体速度分布结果。图 10-10 则给出矩形主干区域的速度测量结果，以及与理论计算值的对比。从中可以观察到近壁面区域的流体速度与中间主流区域流体速度存在差别，并且实验数据拟合结果与理论计算结果基本吻合。类似的测量结果在微流控应用方面具有很大的应用价值。

在生物医学领域，诸如上面所述的微结构流场也十分常见，一些细胞能够主动对外界环境和刺激做出反应，如成纤维原细胞、变形虫等。这些细胞的迁移行为是生物学研究热点之一，属于一种典型的微流体运动。数字全息显微技术能够监测微流体中活体细胞的三维运动行为等各类动态过程。

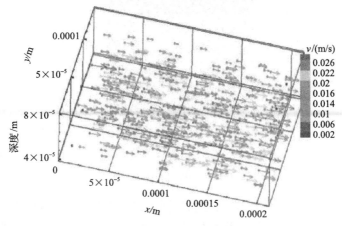

(a) 微通道主干区域速度分析结果

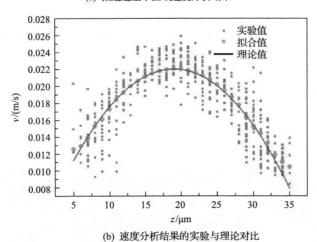

(b) 速度分析结果的实验与理论对比

图 10-10　微通道流体速度分析结果

图 10-11 为利用离轴 DHM[5]对滴虫细胞(平均直径 10μm)的移动进行研究的结果示意图,拍摄帧率为 30fps,视场大小为 90μm×90μm;并使用角谱法对全息图进行重建,利用峰值搜索来确定细胞的聚焦位置[6],获得了一系列细胞随时间的运动轨迹图。

10.2.3　细胞成像观测

生物学研究中,大部分细胞或者组织都是透明的,与周围环境的差异较小。一般来说,大多数细胞需要经过染色,才能够被光学显微镜观测到。这在实际应用中存在很大的局限性,更无法针对活体细胞进行观测。实际上,这种透明的生

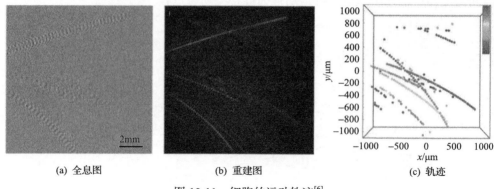

(a) 全息图   (b) 重建图   (c) 轨迹

图 10-11   细胞的运动轨迹[6]

物结构会对光波的相位产生影响,这种能够改变测量光波相位的受测物体称为相位物体。全息技术能够记录这些相位信息,进而反演出结构特征,为细胞显微观测提供了一种简单有效的方式,它所提供的量化的相位分布信息是其他光学显微图像方法所不具备的[7]。它可以记录物光波的复振幅,其中不仅包含了强度信息,还包含了物体的相位分布信息,能够快速获取一些透明微生物的内外形态轮廓信息及不透明细胞的外形轮廓。下面介绍一些数字全息显微技术在微生物显微观测方面的应用。

图 10-12 展示了一些利用 DIHM 拍摄得到的微生物图像[8],包括草履虫、硅藻、果蝇头部、双尾藻等。

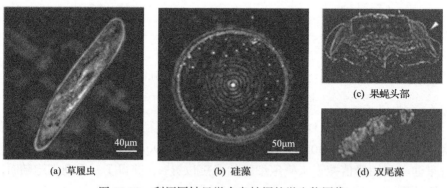

(a) 草履虫   (b) 硅藻   (c) 果蝇头部   (d) 双尾藻

图 10-12   利用同轴显微全息拍摄的微生物图像

除此之外,离轴 DHM 还被用于各种不同类型细胞的显微观测,包括 SKOV-3 卵巢癌细胞[9]、纤维原细胞[10]、变形虫[11]、硅藻[12]和红细胞[13]。图 10-13 给出了一些全息重建图像结果。

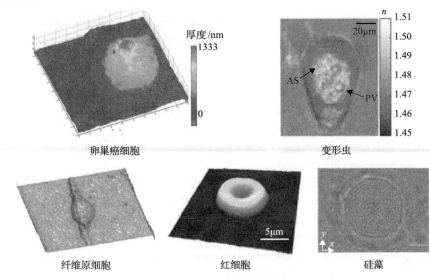

图 10-13　离轴 DHM 对不同细胞的观测结果

10.3　本 章 小 结

本章对数字全息显微技术在边界层测量、微流体运动观测、生物成像观测等方面的应用作了介绍。从中可以看到，数字全息显微技术凭借其独特的应用优势在微观测量方面具有很大应用潜力，能够在三维空间和时间维度上对微流动、微结构进行准确测量。相对于传统光学成像技术而言，数字全息显微技术的装置简单易于实施，并且具有空间多参数测量能力、更高的测量精度、适合动态观测等技术优势。

参 考 文 献

[1] Garcia-Sucerquia J, Xu W, Jericho S K, et al. Digital in-line holographic microscopy. Applied Optics, 2006, (45): 836-850.

[2] Sheng J, Malkiel E, Katz J. Digital holographic microscope for measuring three-dimensional particle distributions and motions. Applied. Optics., 2006, (45): 3893-3901.

[3] Leach R. Optical Measurement of Surface Topography. 北京: 科学出版社, 2012.

[4] Sheng J, Malkiel E, Katz J. Using digital holographic microscopy for simultaneous measurements of 3D near wall velocity and wall shear stress in a turbulent boundary layer. Experiments in Fluids, 2008, (45): 1023-1035.

[5] Yu X, Hong J, Liu C, et al. Four-dimensional motility tracking of biological cells by digital holographic microscopy. Journal of Biomedical Optics, 2014, (19): 045001.

[6] Restrepo J F, Garcia-Sucerquia J. Automatic three-dimensional tracking of particles with high-numerical-aperture digital lensless holographic microscopy. Optics Letters, 2012, (37): 752-754.

[7] Marquet P, Rappaz B, Magistretti P J, et al. Digital holographic microscopy: a noninvasive contrast imaging technique allowing quantitative visualization of living cells with subwavelength axial accuracy. Optics Letters, 2005, (30): 468-470.

[8] Xu W, Jericho M, Meinertzhagen I, et al. Digital in-line holography for biological applications. Proceedings of the National Academy of Sciences, 2001, (98): 11301-11305.

[9] Khmaladze A, Kim M, Lo C M. Phase imaging of cells by simultaneous dual-wavelength reflection digital holography. Optics Express, 2008, (16): 10900-10911.

[10] Mann C J, Yu L, Kim M K. Movies of cellular and sub-cellular motion by digital holographic microscopy. BioMedical Engineering OnLine, 2006, (5): 21.

[11] Charrière F, Pavillon N, Colomb T, et al. Living specimen tomography by digital holographic microscopy: morphometry of testate amoeba. Optics Express, 2006, (14): 7005-7013.

[12] Debailleul M, Simon B, Georges V, et al. Holographic microscopy and diffractive microtomography of transparent samples. Measurement Science and Technology, 2008, (19): 074009.

[13] Rappaz B, Barbul A, Hoffmann A, et al. Spatial analysis of erythrocyte membrane fluctuations by digital holographic microscopy. Blood Cells Molecules and Diseases, 2009, (42): 228-232.

第 11 章　典型全息仪器及应用

随着全息技术的成熟，人们开始认识到全息技术在解决工业过程或其他学科领域的问题时具有独特的优势与潜力，因此，各学科领域研究者们针对其行业、学科逐步开发了基于全息技术的仪器，并已经在海、陆、空等多种环境下的工业过程及科学技术研究中得到了应用与验证。本章介绍几种典型的全息仪器及其应用，包括工业过程中的颗粒全息测量、潜水式颗粒全息测量仪器、大气颗粒全息探测器以及全息显微镜等。

11.1　煤粉细度在线测量仪

11.1.1　煤粉细度在线测量仪简介

在燃煤电厂的制粉系统中，通过磨煤机把煤块磨成一定粒径的煤粉，再通过输送管道进入锅炉炉膛燃烧。煤粉的细度、浓度等参数直接影响着锅炉炉膛内的燃烧状况，实现煤粉粒径、浓度等参数的有效在线监控有利于锅炉的优化运行，对电厂的节能减排具有重要意义。随着经济发展进入新常态，信息技术正引领电力建设产生巨大变革，智慧电厂的建设变得越来越紧迫。智慧电厂是在现有数字化电厂的基础上，利用物联网技术和设备监控技术加强信息管理和服务，清楚掌握生产流程，提高生产过程的可控性、减少人工干预、及时正确地采集生产过程数据，从而科学制定生产计划，构建高效节能、绿色环保的新型电厂。采用数字全息技术在线测量煤粉粒度和浓度，实现对煤粉粒度和浓度的实时监测，是实现智慧电厂的重要环节。

浙江大学[1]研发了面向电厂工业环境下的数字全息煤粉粒度、浓度实时在线测量系统 HSCP（holo sizer for coal powder），如图 11-1 所示。系统由取样部分、测量部分、回收部分、数据处理部分组成，其中测量部分为系统的核心部分。煤粉管道中的高浓度煤粉气流由取样枪等速取样后经过稀释至适宜浓度，进入测量腔通过平行激光束时由相机记录煤粉颗粒全息图，再由计算机重建程序处理后获得粒度分布数据，测量后的煤粉可由分离器收集，也可直接送回煤粉管道。激光器采用半导体单模激光器（LSR532NL），波长 532nm，相机分辨率 1280×1024，像素尺寸 4.8μm，其具体指标参数如表 11-1 所示。

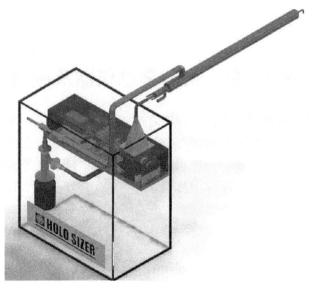

图 11-1　HSCP 装置示意图

表 11-1　HSCP 参数指标

参数	粒径范围	测量误差	反馈时间	仪器尺寸	仪器质量
指标	5~2000μm	<5%	<5min	50cm×30cm×60cm	<10kg

　　光学在线测量方法无论是数字图像法、光散射法、光脉动法还是数字全息方法，都会面临着被测对象黏附于光学窗口上而影响测量的沾污问题，而且这个问题会随着时间而加剧，非常不利于设备运行的长期稳定性。此外，对于气固两相流的固相颗粒测量，特别是颗粒有一定的粒径分布(如 Rosin-Rammler 分布)的情况下，保证测量的代表性十分重要，否则浓度和粒度分布的测量结果将与实际相差甚远，而对于单一粒径的颗粒，则只会影响浓度结果。要保证代表性，主要有两方面：一是取样的准确性，保证等速取样；二是测量的代表性，保证测量区域的颗粒均匀分布。HSCP 系统采用的等速取样枪和全息测量腔则解决了代表性的问题。

　　图 11-2 给出了该仪器的实验测量结果，实验中采用筛分过的三种不同粒径的煤粉进行测量，并将 HSCP 测量结果与马尔文激光粒度仪测量结果对比。从图 11-2 中可以看出数字全息技术测量的粒度分布曲线与激光粒度仪测量的结果趋势一致，验证了数字全息技术应用于煤粉粒度在线测量的可行性和准确性，煤粉粒度的体积分布呈单峰分布，该样本的体积峰值出现在 155μm 处。

　　除了取样型在线测量外，浙江大学还开发了探针型煤粉细度在线测量装置，如图 11-3 所示，测量时测量探针直接插入煤粉管道中，煤粉颗粒通过测量区时由

CCD 相机记录颗粒全息图，利用重建软件对全息图重建可获取煤粉颗粒粒度和浓度信息。光学通道内通入压缩空气，作用有两个，一是保护光学器件，防止煤粉颗粒进入探针内部，二是将煤粉管道内高浓度的煤粉气流稀释到适合数字全息测量的浓度。

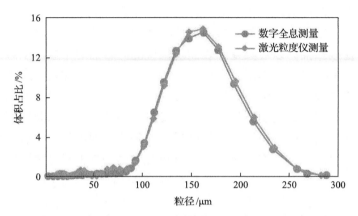

图 11-2　数字全息测量与激光粒度仪测量粒度分布曲线

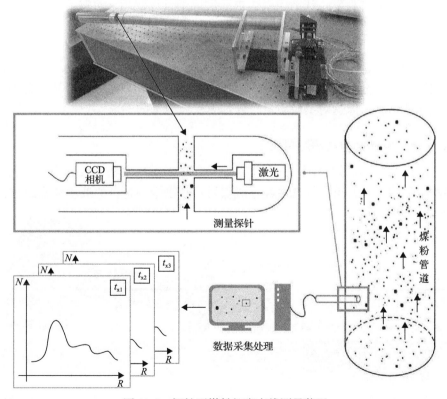

图 11-3　探针型煤粉细度在线测量装置

11.1.2 线阵相机颗粒测量系统

线阵相机是采用线性图像传感器的相机，其主要特点有：频率高，行频可高达几百 kHz；视场大，一般线阵相机靶面的长度可达 4096 个像素甚至更高，宽度只有几个像素；测量对象为运动的物体。线阵相机目前多用于产品流水化检测，如金属、塑料、纸和农产品等，被检测的物体通常匀速运动，利用一台或多台相机对其逐行连续扫描，以对其整个表面均匀检测。目前对于数字全息的干涉条纹记录采用的基本都是面阵相机，而利用线阵相机记录运动颗粒全息图则处于发展中。采用基于线阵相机的数字全息技术进行颗粒粒径、速度等参数的测量具有如下优势：首先，非常适用于测量布置空间受限制的场合，难以布置面阵相机或圆形、方形的光学窗口时，使用线阵相机只需一条狭缝即可实现测量；其次，线阵相机记录的全息图只有一维条纹信息，重建时采用一维重建算法即可，大大减少了重建计算量，节约时间成本，在颗粒粒度分布实时在线测量中具有很大的应用潜力。

图 11-4 为利用线阵相机进行运动颗粒粒径全息测量的系统示意图，激光束由激光器发出后经过衰减、柱透镜组扩束后形成平行片激光，照射颗粒场，线阵相机记录颗粒全息图。线阵相机记录的典型颗粒典型全息图及其重建结果如图 11-5 所示，全息条纹的形状与颗粒运动速度、相机行频有关，颗粒运动速度越快、相机行频越低则全息图在 y 方向越扁，反之越长。不同频率下的粒径测量结果，与面阵相机的全息测量结果非常吻合。除了粒径测量外，理论上还可从全息图中获得颗粒速度信息，但这对图像质量、处理算法有较高的要求。

11.1.3 烟气雾滴颗粒在线测量仪

全国有 85%的燃煤电厂，采用湿法脱硫工艺对烟气中的硫成分进行脱除。鉴于湿法脱硫的技术特点，烟气在经过脱硫塔后会携带一定量的液滴雾滴的粒径在

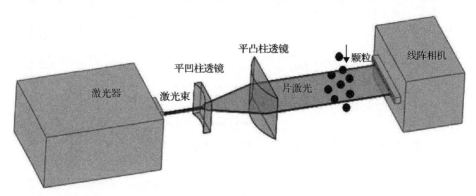

图 11-4　线阵相机运动颗粒全息测量示意图

 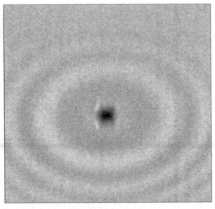

图 11-5　中心粒径为 120μm 的球形二氧化硅颗粒线阵相机拍摄典型全息图及重建图像

亚微米到几百微米之间,在经过除雾器脱除后,雾滴的浓度大致为 30～80mg/Nm³。其中粒径大于 15μm 的雾滴能够被除雾器基本脱除,粒径小于 15μm 的将随着烟气进入下游,而这些微小液滴中携带了大量的可溶性盐类、烟尘、石灰石石膏颗粒。当烟气排放到大气之后,液滴中所含的盐类物质以及粉尘颗粒会逐渐析出或分离出来,从而形成固体颗粒物,造成二次携带污染问题。而目前,对雾滴浓度的监测手段十分有限,多以采样离线分析为主。

　　浙江大学相关团队针对该需求,研发了烟气雾滴颗粒在线测量装置。图 11-6 为测量装置的示意图,其结构分为外置的光源系统、深入烟道的信号记录系统。

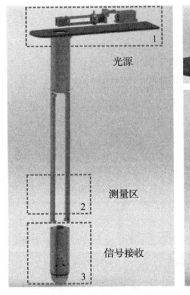 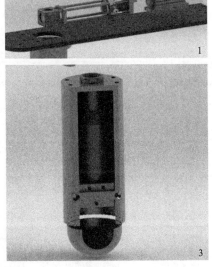

图 11-6　烟气雾滴颗粒在线测量装置

由激光器产生的激光经过滤波、准直后，经由反射镜调整光路，向下方入射进入测量区域。当烟气流经图中所示的测量区域时，其全息信号被下方的相机所记录。外部计算机对经由数据线传出的图像信号进行实时处理，得到雾滴的粒径分布、浓度等信息。该设备搭载了冷却气系统，能够在高温烟气中使用。

11.1.4　燃烧场三维全息探针

为了实现对锅炉等封闭燃烧环境中燃料颗粒的测量，浙江大学研究团队开发了基于数字全息技术的燃烧场三维探针，其结构如图 11-7 所示。探针由水冷保护层、内部安装层、管套式成像透镜组、激光系统、数字相机等部分组成。其中水冷保护层的作用是通过双层循环式水冷结构使位于其内部的光学元件不至于因温度过高而损坏。内部安装层用于安装和固定成像透镜组、光纤、激光扩束器等主要元件，安装元件时可将安装层从保护层抽出，安装完毕后用螺丝固定于水冷层上。激光由光纤从尾部导入，通过 FC/PC 接口与激光扩束器连接。在激光扩束器和管套式成像透镜组之间有一个横贯通孔，形成颗粒通道，颗粒从孔中穿过时被测。激光经扩束器准直后经颗粒通道上的激光通道入射至颗粒场，然后经管套式成像透镜组将形成的全息图传递至数字相机。为了防止颗粒从激光通道进入安装层腔体内而造成激光扩束器和成像透镜沾灰，向安装层内通入一定的保护气使之维持一定的压力。使用时，探针主体部分插入炉膛，相机和冷却水出入口、保护气入口在炉膛外部。

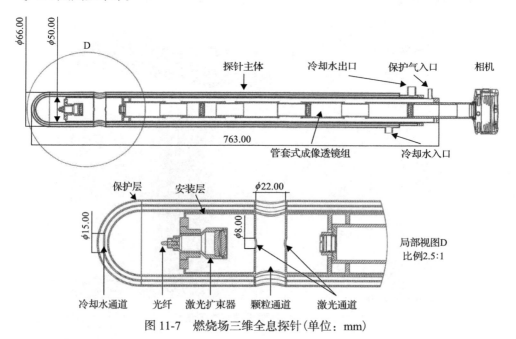

图 11-7　燃烧场三维全息探针(单位：mm)

11.2　潜水式颗粒全息测量仪器

在海洋湖泊的研究当中，对水下颗粒物特别是微生物的探测，是其研究过程中的重要环节。近些年来，全息技术成为海洋湖泊等水环境学研究中的一个重要工具，世界上一些研究团队研发了水下全息设备来观察浮游生物及其分布、河口及近海沉积物的输运过程。本节对几种典型的水下全息探测装置进行介绍。

11.2.1　同轴形式

世界上第一台潜水式数字全息传感器(digital holographic sensor, DHS)是由美国伍斯特理工学院的研究人员[2]在 2000 年开发出来的，并由美国伍兹霍尔集团将其推向市场。水下 DHS 系统的主要模块如图 11-8 所示，左边为激光部分，包括激光驱动源、二极管激光器、激光输出光纤和准直器；右边为相机部分，支持多种相机的调用。激光器为功率 10mW 的二极管连续激光器。同时，该设备也搭载了与硬件匹配的 HoloMaker 全息重建软件。

图 11-8　DHS 水下模块示意图

左边为激光部分；右边为相机部分

此装置首先在南密西西比大学海洋科学系实验室的水箱(深 30ft, 1ft=3.048×10⁻¹m)完成了测试，如图 11-9 所示。研究人员将装置搭载于南密西西比大学海洋科学系的水下机器人上。水下机器人运动至水箱不同区域，并用 DHS 记录水箱不同区域中颗粒的全息图，同时利用连续模式实现颗粒跟踪。之后又在坦帕湾完成了开放水域测试，测试深度达 50m，如图 11-10 所示。值得一提的是，在开放水域的测试中，他们同时使用了波长为 680nm 和 780nm 的两种激光器。这是因为不同有机颗粒对不同波段激光的响应不同，因此可以利用全息图进行颗粒选择性测量。

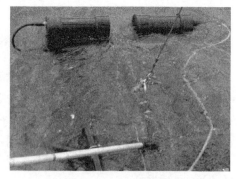

图 11-9 实验室水箱测试示意图   图 11-10 开放水域测试现场图

当水中颗粒数量较多时，多重散射会造成系统测量性能迅速降低。为了解决这个问题，DHS 可以通过水平移动激光部分或相机部分，改变相机与光源间的距离，从而改变测量区的体积。在实验室水箱测试中颗粒物较少，可以增加相机与光源之间的距离，而在开放水域塔帕湾中的测试由于有机颗粒非常多，则需减少此距离从而消除多重散射的影响。DHS 的最大问题是只能用于低速运动物体。

美国约翰霍普金斯大学研究团队[3,4]开发的自由漂移潜水式数字全息相机系统(submersible digital holography system，Holo-sub)如图 11-11 所示。Holo-sub 系统采用了一个波长为 660nm 的 Crystalaser 公司的 ND:YLF 激光器，一对 Pulnix 公司的分辨率为 2000×2000 的数字 CCD 相机，像素大小为 7.5μm。Holo-sub 系统有两种光路配置可供选择：第一种是两个 CCD 相机互相垂直布置，两同轴视场彼此正交，交叉区域内的生物体同时被两视场捕捉，公共交叉区域为 3.4cm³，空间分辨率为 7.48μm，整个记录区域体积为 40cm³，基于此布置的系统 2005 年在

图 11-11 Holo-sub 实物图

西班牙蓬特韦德拉进行了测试。第二种为相机互相平行布置，但方向相反，放大倍率不同，记录的区域分辨率高达 4.11μm，利用偏振分束镜和半波片将垂直偏正反向对准而不产生干涉，此布置用于 2006 年法国比斯开湾的测试，对海洋中的浮游生物如桡足类、尾海鞘纲动物进行了测量。

　　为了深入研究水中悬浮凝聚颗粒物的凝聚过程特性，测量颗粒的粒径和沉降速度，英国普利茅斯大学的研究团队[5]开发了一种潜水式数字全息颗粒成像仪。如图 11-12 所示，该系统集成于一个小型圆柱外壳内，对外部流场影响较小。成像系统使用的数字相机分辨率为 1004×1002，像素大小为 7.4μm×7.4μm，帧率为 30fps，激光器为波长 532nm、功率 80mW 的半导体连续激光器。测量时视场大小超过 7.4mm×7.4mm，分辨率可达 20μm，测量频率高达 25Hz。此系统首先于实验室进行了测量准确性评估，对几种不同粒径的颗粒进行了测量，并与马尔文激光粒度仪的测量结果进行对比，两者结果非常吻合。之后在此系统之上 Smith 等[6]又开发了另一种结构的成像仪 LISST-100X，并利用此系统于英国的爱尔兰海、普利茅斯海峡和塔马尔河口进行了试验，测量了悬浮沉积物的浓度、粒径、数量浓度用于研究沉积物迁移、生物过程和基本的光声问题。后来已投入市场的美国 Sequoia 公司生产的 LISST-HOLO2 就是基于此系统研发的，如图 11-13 所示。

图 11-12　潜水式数字全息颗粒成像仪

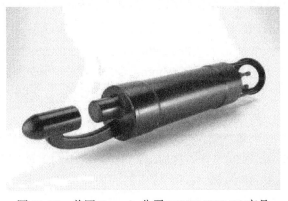

图 11-13　美国 Sequoia 公司 LISST-HOLO2 产品

英国阿伯丁大学的研究团队[7]在传统光全息系统 HoloMar 的基础上，开发出了一种用于水下浮游生物测量的数字全息系统 eHoloCam（电子全息相机）。其系统如图 11-14 所示。此系统使用脉冲倍频 Nd:YAG 激光器，可以实现对高速移动的物体记录，激光波长 532nm，脉冲宽度 4ns，最大频率 25Hz，单脉冲能量 1mJ。同时配备了分辨率高达 2208×3000 的 CMOS 传感器，像素大小为 3.5μm，测量区体积在 36cm³ 左右，帧频率在 5～25Hz。研究人员利用该设备在苏格兰北部海域进行了长达一年的实验，成功对多种浮游生物进行了测量研究。

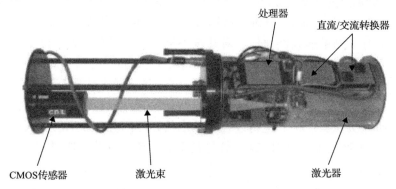

图 11-14　eHoloCam 系统示意图

11.2.2　离轴形式

美国加利福尼亚理工学院航空实验室的研究人员近年研发出了一种用于水或冰环境下微生物运动和形貌检测的离轴全息显微系统[8]，系统光路结构及实物如图 11-15 所示。整个测量装置密封于箱体内，轻巧便携，不带电池质量不超过 10kg，可随身携带。该装置具有轻微的正浮力，以减少在水生环境中使用时丢失系绳的风险。装置通过 WiFi 接口与外界通信，由锂电池供电，可远程操作。

系统光路主要由四个部分组成：光源、样本区、显微装置、CCD 传感器。光源为单模光纤耦合激光器，工作波长 405nm。激光光束照射样本区和参考区，即形成物光和参考光，两者距离光轴±3mm。CCD 传感器采用大靶面、小像素、读取快的 Sony ICX-625 型传感器，主要目的是对条纹进行过采样，以适应放大样本的带宽，同时分离傅里叶域中无重叠的干扰项。

研究团队利用此测量系统对冬季末多个地点的海冰卤水中包括真核和原核生物在内的微生物运动进行了研究，这些地点经纬度不同，冰层厚度也有差异。得到的部分结果如图 11-16 所示。

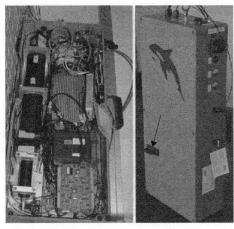

图 11-15　系统示意图

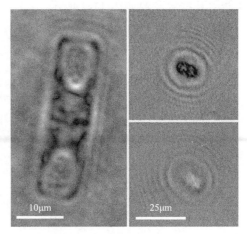

图 11-16　真核生物及其轨迹

11.3　大气颗粒全息探测器

在大气科学中，全息技术被应用于如云层中液滴、冰晶等空中颗粒物的大小、形状和分布等信息的测量中。这些参数有助于深入研究云微物理学和云粒子的辐射效应等，而且在飞行器结冰及适航取证等方面的研究中意义重大。本节介绍几种典型的空中全息探测装置。

11.3.1　机载形式

飞机在高空低温含有水滴的云层飞行时，其迎风面会与水滴发生碰撞，在机翼、发动机、空速管等部位结冰，这一现象会引起严重的飞行安全事故。一般而言，影响飞机结冰的环境参数包括云雾中的液态水含量、水滴平均直径、空气温度等。基于这一应用背景，浙江大学研发的 HACPI（全息机载云粒子成像）装置可以实现液滴粒径、冰晶粒径等参数的在线测量，如图 11-17(a)所示。

该仪器结构主要分为两个部分：第一部分是仪器主体，整体尺寸为 1.1m×0.28m×0.28m，主要用于放置激光器、温度传感器控制模块、加热模块以及线路的布置，加热模块采用小型温控仪控制，可以设置合适的加热温度；第二部分是两测量臂，尺寸为 0.4m×0.07m×0.07m，其中一个测量臂中放置光路发射端元件，另一个测量臂内放置光路接收端元件(包括相机)，测量臂前端位置开有放置光学窗口，两光学窗口正对区域即为测量区域，测量区域长度为 8～9cm，光学窗口旁布置有温度传感器，用于环境温度的测量。激光器采用脉冲激光器，单脉冲能量1～5mJ，脉冲宽度小于 10ns，相机分辨率 2048×2048，像素尺寸 5.5μm。该仪器还包含开发的配套测量软件，具有数据采集、数据处理及控制激光器、同步器的功能。其技术参数如表 11-2 所示。

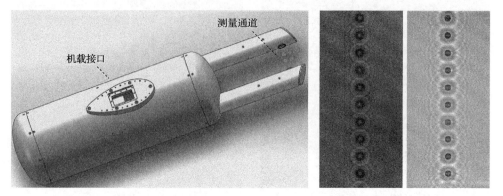

(a) HACPI装置示意图　　　　　　　　　　　　　(b) 所拍摄的全息图

图 11-17　HACPI 装置示意图及所拍摄的全息图

表 11-2　HACPI 技术参数

项目	参数	项目	参数
测量颗粒种类	液滴、冰晶	测量区域	$5\sim2500\text{mm}^3$
温度测量范围	$-80\sim200℃$	速度范围	$0\sim550\text{m/s}$
粒径范围	$5\sim4000\mu\text{m}$	采样频率	$>1\text{Hz}$
粒径误差	$<6\%$	应用范围	结冰风洞云雾场、飞行器结冰

密歇根理工大学的研究团队[9]开发了一种大气云颗粒同轴数字全息原位探测系统 HOLODEC（全息云探测器），并将此装置装载于飞机上，主要用于云颗粒三维空间分布和冰晶形状的测量，其装置如图 11-18 所示。在飞行速度高达 100m/s、

图 11-18　HOLODEC 安装于飞机上

温度低达–30℃, 并且有一定湿度的情况下, 该装置仍能拍摄清晰的全息图片, 环境适应性较强。

HOLODEC 主要由三个部分组成: 光电系统、温度控制系统、数据传输与存储系统。光电系统由激光器与相机组成, 温度控制系统由热电偶和可控加热器组成, 数据传输与存储系统则由火线 (FireWire)、光纤以及计算机软硬件组成。为了适应飞机的高速运动, 激光器采用的是调 Q 双频脉冲 Nd: YLF 激光器, 波长 527nm, 脉宽 20ns, 单脉冲能量 30μJ。相机采用的是分辨率 1024×768、像素大小为 4.65μm 的 10 位黑白 CCD 相机, 最大帧率 15Hz, 最小曝光时间 200μs。

测量装置在使用时, 直接安装在飞机的右翼吊舱上, 如图 11-18 所示, 这对飞机的安全行驶是一个挑战。因此, 装置的光电系统结构必须简单, 在满足要求的前提下光学元件要尽量少。激光束从激光器发出后, 先经过一个伽利略透镜, 再经转向镜改变方向, 然后经过一个高热导率的蓝宝石窗口, 最后经三层过滤器到达 CCD 芯片。

此装置已经在美国国家大气研究中心 C-130 研究飞机上成功运用, 并取得了不错的效果。

11.3.2 地基形式

自然界中的风能储量巨大且清洁无污染, 是重要的可再生能源。风力发电是风能利用的主要方式, 然而风力机叶片表面特征对风能利用效率影响很大, 尤其是在寒冷季节或者高纬度或高海拔的常年低温地区, 风力机上的结冰问题非常严重, 这对风力机运行的经济性和安全性造成严重影响。风力机风场内的液态水含量和直径对云内结冰和沉降结冰都有很重要的影响, 因此风场内液态水参数的测量对结冰的预防检测去除具有重要意义。

浙江大学和金风科技联合研发的 HICD (全息冰云探测器) 可对风力机风场内的液态水参数进行在线监测, 图 11-19 为 HICD 的安装示意图。该测量装置主要由壳、笼式光路系统、光纤连续激光器、相机、温控器、计算机等部分组成, 激光器采用单纵模半导体连续激光器, 波长 473nm, 相机分辨率 1280×1024, 像素尺寸 4.8μm。装置本体由激光发射端和相机接收端组成, 温控器的加热贴片贴于装置内壁, 装置两侧分别留有走线孔, 便于相机电源线和数据传输线、光纤、温控器电源线和信号线与外部的连接。测量装置利用连接杆固定于风力机机舱外平台上的支架上, 装置外表面包裹一层保温材料。

HICD 于 2019 年 3 月在四川省凉山彝族自治州美姑兴澜风电开发有限公司的 4 号机上进行了为期一周的现场测量。测试地点海拔约 4000m, 3 月份为风力机叶片结冰的高峰期。图 11-20 为 HICD 拍摄的典型液态水颗粒全息图及重建结果。

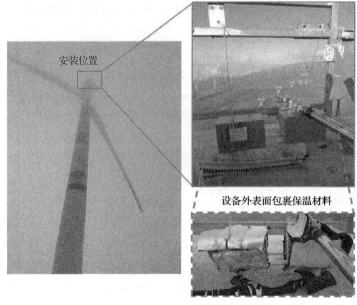

图 11-19　HICD 安装示意图

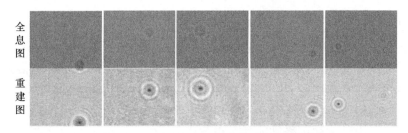

图 11-20　HICD 拍摄的典型液态水颗粒

澳大利亚阿德莱德大学研究组设计了一种基于数字全息技术的云层微观参数测量设备，其原理示意图如图 11-21 所示，该设备廉价轻便，可安装于气球和气象塔等设备上，实现对云层微观参数的原位测量[10]。

图 11-22 为该装置的内部结构示意图。该系统分为五个主要功能部分，从左上到右下分别为：外接存储单元、计算和控制单元、电源和电路、CMOS 相机和可调节激光二极管座。激光二极管发出相干长度较短、波长为 405nm 的球面波，由于测量区域较小，所以相干长度对测量结果的影响不大，通过测量区的激光一部分被颗粒散射形成物光，一部分未被颗粒影响形成参考光，物光与参考光发射干涉，形成的干涉图像被 CMOS 芯片记录。CMOS 芯片记录下的全息图像由小型便携计算机进一步处理，重建得到测量区颗粒粒度和形状等信息。

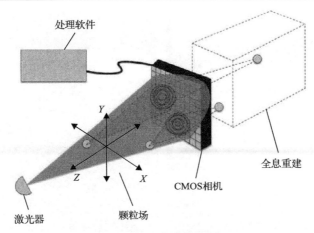

图 11-21　光路结构图

图 11-22　测量装置封装前的实物图

德国美因兹大学研究团队[11]开发了一种户外数字全息粒子成像系统，并将其布置在瑞士阿尔卑斯山的少女峰的高海拔研究站，海拔 458m，应用于大气颗粒的原位测量。成像系统安装示意图如图 11-23 所示，图 11-23(a)为安装好时的情形，图 11-23(b)为在云中暴露测量数天后的情形，装置由上箱、下箱、相机塔组成，下箱包含激光和相机控制器以及存储单元，上箱包含激光器、相机和光源元件，上箱顶上为两个相机塔 T1 和 T2，两者设计略有不同，并成一定角度。

激光器采用调 Q 双脉冲 Nd:YAG 激光器，温度范围设定为 10～35℃。激光波长 532nm，单脉冲能量 10μJ，脉冲时间 1ns。激光束首先用一对防反射涂层透镜 M 改变方向，再用一个非球面透镜和一个平凸透镜进行扩束和准直。之后激光经过非偏振分光镜，分成垂直的两束激光。两束激光各被一个可绕光轴旋转的反射镜反射，分别与对应光学元件平面成 45°角。两束激光交叉成 60°角。相机置于可保温防水的相机塔中，每个相机塔可单独拆下。该仪器所使用的相机是 FireWire

<table>
<tr><td>(a) 安装完全后图片</td><td>(b) 在云中暴露测量数天后的图片</td></tr>
</table>

图 11-23　数字全息粒子成像系统安装示意图

的 A622f 型黑白 CMOS 相机，CMOS 芯片分辨率为 1024×1280，像素大小为 6.7μm。可测区域体积约为 9.9cm³。相比于只使用一个激光束和一个相机，使用两个激光束和两个相机不仅可以测量更大的空间，而且还可以从两个视角同时测量部分被测颗粒。为了避免低温造成仪器工作不正常，使用 400W 的加热器进行保温。

图 11-24 为成像系统拍摄的全息图以及重建后的颗粒图像。图 11-24 左图片为全息图重建结果，另外两张图片为局部颗粒放大图，重建距离为 176.2mm。中图中为冰晶，测得其水平分支相邻两个之间的距离约为 670μm，分支宽度约为 175μm。右图颗粒在用于标准化的全息图上成像，因此显示为白色，颗粒高度约为 70μm，最大宽度约为 60μm。

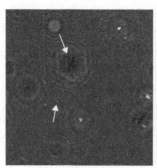

图 11-24　拍摄的颗粒全息图及其重建图像

混合相云微物理结构的高空间分辨率测量对于研究云内过程非常重要。瑞士苏黎世联邦理工大学大气与气候科学研究所的研究团队[12]设计了一种陆基显微全息

成像仪(微观物体全息成像仪 II，HOLIMO II)，该装置利用同轴数字全息技术在
样品空间内实现云颗粒的原位测量，可测得颗粒粒径、浓度以及水含量等参数。

　　装置及现场试验布置如图 11-25 所示，装置主要由两个恒温防水的控制箱和
进样箱组成。控制箱内包括电源、温度控制器、激光器、中央处理器，用来控制
和存储数据；进样箱包括光学系统、风机、质量流量计，样品入口处以及玻璃窗
有加热装置防止结冰。光源采用脉冲激光器，激光波长 532nm，脉冲宽度 1ns，
激光器置于温度控制箱内，激光束由激光器出射后通过一根单模光纤传送至进样
口处，再经过准直扩束。成像系统包括一个四倍放大倍率的远心镜头。相机分辨
率为 3320×2496，像素尺寸 5.5μm，每秒拍摄 15 张。为了应对风向变化对测量带
来的影响，整体装置安装于一个两轴旋转器上，水平方向上可 360°转动，垂直方
向上可转动±45°。

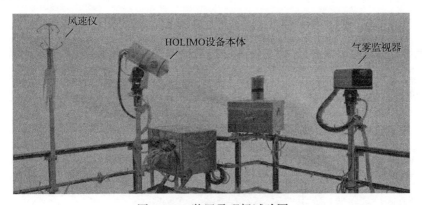

图 11-25　装置及现场试验图

　　该装置在阿尔卑斯山的高海拔研究中心进行了长达 8h 的测试，是利用全息仪
器观测研究云颗粒的最长时间纪录，得到了云颗粒粒径分布，并对混合相云进行
了观测。图 11-26 为部分拍摄到的冰晶颗粒图像。

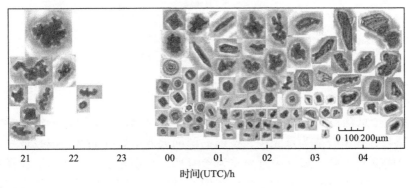

图 11-26　部分冰晶颗粒

11.4 全息显微镜

数字全息显微镜(digital holographic microscopy，DHM)是数字全息技术在显微镜上的应用。数字全息显微镜与其他显微镜最大的区别就是它不直接记录被测物体的图像，而是通过记录物体的波前信息形成全息图，再利用计算机对全息图进行数值重建计算出物体图像。因此，传统显微镜的成像物镜也就被计算机的重建算法所取代。与其他显微镜如激光共聚焦显微镜、白光干涉仪等相比，数字全息显微镜具有相移显微、可获取三维信息、数字自动聚焦、光学像差校正、低成本等诸多优点。DHM 在动态细胞检测、表面三维形貌测量、MEMS 振动测量等诸多领域已经有较好的应用案例。

11.4.1 便携式全息颗粒显微镜

针对目前市场主流的全息显微镜结构复杂、价格高的特点，浙江大学研究团队开发了一种便携式全息颗粒显微镜，如图 11-27 所示，其使用 LED 灯珠作为光源，CMOS 集成芯片为图像记录设备。该装置无需透镜，光路简单，而且成本低廉，配合软件使用，能实现良好的颗粒测量效果，满足便携、易用的要求。

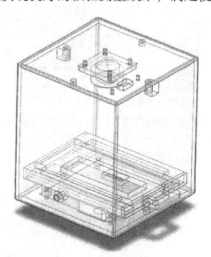

图 11-27　便携式全息颗粒显微镜

便携式全息颗粒显微镜由 LED 灯珠、针孔、载玻片和 CMOS 传感器组成。LED 灯珠与针孔组合成为点光源，发射的球面波入射到样品区，被载玻片上的颗粒散射形成物光，另一部分透射光作为参考光，与物光发生干涉，形成样品的全息图像并被 CMOS 传感器记录，全息图像通过集成电路板进行信号处理转换成数字信号，并通过 USB 传输线传输到计算机终端得到样品的数字全息图。在计算机终端上对全息图像进行数字重建和颗粒识别，得到样品的形状、粒径分布信息。

11.4.2　细胞全息显微镜

瑞士洛桑联邦理工大学 Rappaz 团队[13]利用数字全息显微镜对单个完整红细胞的折射率和体积进行了精确测量，装置示意图如图 11-28(a) 所示，M 为反射镜，BS 为分光镜，R 为参考光，C 为聚光器，O 为物光，S 为样本，MO 为显微镜，光源采用波长为 633nm 的 VCSEL 激光二极管，激光束由分束器分为两路，一路照射被测样品后形成物光，另一路作为参考光，相机采用 Basler 公司的 A101f 相

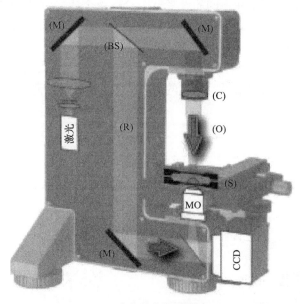

(a) 红细胞全息显微镜

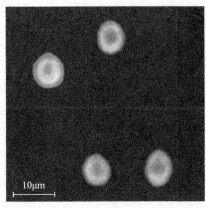

(b) 红细胞

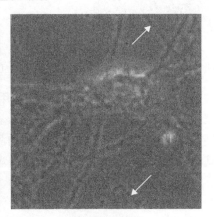

(c) 神经元细胞

图 11-28　红细胞观测全息显微镜及观测图像

机，分辨率 512×512，像素尺寸 6.7μm。图 11-28(b)示出了通过该显微镜所获取的红细胞图像。此外他们还对神经元细胞[14, 15]的细胞形态以及酵母细胞的分裂过程[16]进行了观测，结果如图 11-28(c)所示。

11.4.3　表面形貌测量显微镜

瑞士洛桑理工大学研究团队和 Lyncée Tec SA 公司[17]利用双波长数字全息显微镜测量了一片 8.9nm 高的铬薄层试样，轴向精度可达亚纳米级别。其 DHM 光路结构如图 11-29 所示，光源由两个波长分别为 657nm 和 680nm 的半导体激光器组成。该光路设计的主要原理是在不同的参考臂中分离每个激光束(λ_1 和 λ_2)，同时将它们对准并组合到消色差物体臂中。经样品反射后，两个共线物体波前由显微镜物镜在 CCD 平面后 50mm 处形成物像。物镜放大倍数为 3，NA 为 0.1，景深超过 50μm。CCD 相机为黑白相机，分辨率为 512×512，像素大小为 6.45μm。所研究的样品由沉积在石英基板上的铬膜组成，采用的是 VLSI 标准公司的薄台阶高度标准。

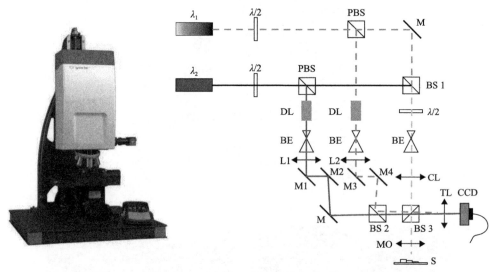

图 11-29　双波长 DHM 及其光路配置

法国瓦尔杜克中心 Sandras 等[18]利用 DHM 对微壳表面形状、品质和粗糙度进行了测量。传统的测量方法如扫描电子显微镜、扫描干涉显微镜和原子力显微镜等，最大的缺点就是由扫描过程导致的测量速度慢、耗时长。而数字全息显微镜由于其本身的特性可以很好地解决测量慢的问题。

11.4.4　数字全息蛋白质显微镜

美国微重力研究中心的研究团队[19]利用基于数字全息的国际空间站蛋白质显微镜(protein microscope for the international space station，PromISS)观察研究了微重力条件下的蛋白质反扩散结晶过程。

　　PromISS 的内部结构如图 11-30 所示。装置组成包括一个马赫-曾德尔干涉仪，样品传输时在此被激光照射，形成全息图。对于每幅图像，由压电传感器在不同相移处记录四幅干涉图。装置视场大小为 2.27mm×1.84mm，放大率 3.5，分辨率大约 3μm，数字全息测量深度 4mm，全息图采集时间 4s。整个 PromISS 装置是在微重力科学手套箱(MSG)中进行实验的，MSG 提供电源、密封、数据传输、与地面通信等功能。

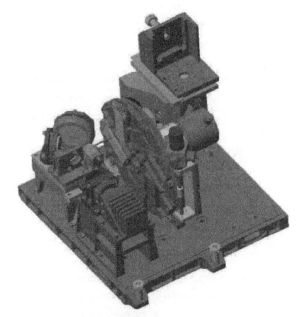

图 11-30　PromISS 内部结构示意图

11.5　本 章 小 结

　　本章主要介绍了数字全息技术在水中或大气中的颗粒探测、工业过程中的粉体测量以及显微镜等方面的应用，列举了国内外研究团队研发的典型全息仪器。总的来讲，在基于数字全息技术的探测或测量仪器开发上，国外学者的研究开展较早，且有部分仪器已经投入了市场。在全息仪器研发方面国内的报道较少，但近几年来已有研究团队致力于工业粉体全息粒度仪、大气云颗粒全息测量仪等仪器的开发，相信这将会对我国的电力、医药、环境等领域的研究提供有力的设备支持。

参 考 文 献

[1] 赵亮, 吴晨月, 林小丹, 等. 数字全息在线测量煤粉粒度分布. 化工学报, 2018, (69): 611-617.

[2] Owen R B, Zozulya A A. In-line digital holographic sensor for monitoring and characterizing marine particulates. Optical Engineering, 2000, 39 : 2187-2197.

[3] Pfitsch D W, Malkiel E, Ronzhes Y, et al. Development of a free-drifting submersible digital holographic imaging system. Oceans, 2005: 690-696.

[4] Pfitsch D W, Malkiel E, Takagi M, et al. Analysis of *in-situ* microscopic organism behavior in data acquired using a free-drifting submersible holographic imaging system. Oceans, 2007: 1-8.

[5] Graham G W, Smith W A M N. The application of holography to the analysis of size and settling velocity of suspended cohesive sediments. Limnol Oceanogr-Meth, 2010, 8 : 1-15.

[6] Graham G W, Davies E J, Nimmo-Smith W A M, et al. Interpreting LISST-100X measurements of particles with complex shape using digital in-line holography. Journal of Geophysical Research: Oceans, 2012, 117 : C05034.

[7] Watson J. Submersible digital holographic cameras and their application to marine science. Optical Engineering, 2011, 50 : 62-65.

[8] Lindensmith C A, Rider S, Bedrossian M, et al. A Submersible, Off-Axis Holographic Microscope for Detection of Microbial Motility and Morphology in Aqueous and Icy Environments. Plos One, 2016, 11 .

[9] Fugal J P, Shaw R A, Saw E W, et al. Airborne digital holographic system for cloud particle measurements. Appl Optics, 2004, 43 : 5987-5995.

[10] Chambers T E, Hamilton M W, Reid I M. A low cost digital holographic imager for calibration and validation of cloud microphysics remote sensing. Remote Sensing of Clouds and the Atmosphere XXI, 2016, 10001 : 100010P.

[11] Raupach S M F, Vossing H J, Curtius J, et al. Digital crossed-beam holography for in situ imaging of atmospheric ice particles. J Opt a-Pure Appl Op, 2006, 8 : 796-806.

[12] Henneberger J, Fugal J P, Stetzer O, et al. HOLIMO II: a digital holographic instrument for ground-based in situ observations of microphysical properties of mixed-phase clouds. Atmospheric Measurement Techniques, 2013, 6 : 2975-2987.

[13] Rappaz B, Barbul A, Emery Y, et al. Comparative study of human erythrocytes by digital holographic microscopy, confocal microscopy, and impedance volume analyzer. Cytom Part A, 2008, 73a : 895-903.

[14] Marquet P, Rappaz B, Magistretti P J, et al. Digital holographic microscopy: a noninvasive contrast imaging technique allowing quantitative visualization of living cells with subwavelength axial accuracy. Optics Letters, 2005, 30 : 468-470.

[15] Rappaz B, Marquet P, Cuche E, et al. Measurement of the integral refractive index and dynamic cell morphometry of living cells with digital holographic microscopy. Optics Express, 2005, 13 : 9361-9373.

[16] Rappaz B, Cano E, Colomb T, et al. Noninvasive characterization of the fission yeast cell cycle by monitoring dry mass with digital holographic microscopy. Journal of Biomedical Optics, 2009, 14 : 034049.

[17] Kuhn J, Charriere F, Colomb T, et al. Dual-wavelength digital holographic microscopy with sub-nanometer axial accuray. Optical Micro- and Nanometrology in Microsystems Technology Ii, 2008, 6995 : 699503.

[18] Sandras F, Hermerel C, Choux A, et al. Characterization of the Microshell Surface Using Holographic Measurements. Fusion Science and Technology, 2009, 55 : 389-398.

[19] Zegers I, Carotenuto L, Evrard C, et al. Counterdiffusion protein crystallisation in microgravity and its observation with PromISS Protein Microscope for the International Space Station . Microgravity-Science and Technology, 2006 18 : 165.